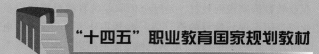

"十四五"职业教育国家规划教材

"十三五"职业教育国家规划教材
"十二五"职业教育国家规划教材
经全国职业教育教材审定委员会审定

电梯维修与保养

第 2 版

U0190702

主　编　李乃夫

参　编　陈碎芝　陈小敏　范秉欣　林文友　冯晓军
　　　　周伟贤　何文中　许轩彦　叶俊杰　岑伟富

主　审　曾伟胜

机械工业出版社

本书是"十三五"职业教育国家规划教材，是经全国职业教育教材审定委员会审定的"十二五"职业教育国家规划教材的修订版。本书共分为5个项目：电梯维修保养操作规范，电梯的安全使用和管理、电梯机械系统的维修、电梯电气系统的维修及电梯的维护保养。本书按照项目引领、任务驱动的教学方式组织内容，以图文并茂的形式呈现学习内容，具有鲜明的职教特色。

在本书的编写过程中，编者按照当前职业教育教学改革和教材建设的总体目标，努力体现教学内容的先进性和前瞻性，突出专业领域的新知识、新技术、新工艺以及新的设备或元器件。本书以亚龙YL-777型电梯安装、维修与保养实训考核装置（及其配套系列产品）作为教学用机。

本书可作为职业学校电梯安装与维修专业的教材，也可用于职业技能培训和供从事电梯技术工作的人员学习参考。为便于教学，本书配套有教学视频，并以二维码的形式穿插于各项目之中。另外，本书还配套有电子课件，选择本书作为教材的教师可登录 www.cmpedu.com 网站，注册并免费下载。

图书在版编目（CIP）数据

电梯维修与保养/李乃夫主编. —2版. —北京：机械工业出版社，2019.5（2024.6重印）

"十二五"职业教育国家规划教材　经全国职业教育教材审定委员会审定

ISBN 978-7-111-62728-9

Ⅰ.①电…　Ⅱ.①李…　Ⅲ.①电梯-维修-中等专业学校-教材②电梯-保养-中等专业学校-教材　Ⅳ.①TU857

中国版本图书馆CIP数据核字（2019）第094612号

机械工业出版社（北京市百万庄大街22号　邮政编码100037）
策划编辑：赵红梅　责任编辑：赵红梅　柳　瑛
责任校对：刘志文　封面设计：张　静
责任印制：郜　敏
三河市国英印务有限公司印刷
2024年6月第2版第13次印刷
184mm×260mm·16印张·393千字
标准书号：ISBN 978-7-111-62728-9
定价：49.00元

电话服务　　　　　　　　　网络服务

客服电话：010-88379833　　机　工　官　网：www.cmpbook.com
　　　　　010-68326294　　机　工　官　博：weibo.com/cmp1952
　　　　　　　　　　　　　教育服务网：www.cmpedu.com
封底无防伪标均为盗版　金　书　网：www.golden-book.com

关于"十四五"职业教育
国家规划教材的出版说明

为贯彻落实《中共中央关于认真学习宣传贯彻党的二十大精神的决定》《习近平新时代中国特色社会主义思想进课程教材指南》《职业院校教材管理办法》等文件精神，机械工业出版社与教材编写团队一道，认真执行思政内容进教材、进课堂、进头脑要求，尊重教育规律，遵循学科特点，对教材内容进行了更新，着力落实以下要求：

1. 提升教材铸魂育人功能，培育、践行社会主义核心价值观，教育引导学生树立共产主义远大理想和中国特色社会主义共同理想，坚定"四个自信"，厚植爱国主义情怀，把爱国情、强国志、报国行自觉融入建设社会主义现代化强国、实现中华民族伟大复兴的奋斗之中。同时，弘扬中华优秀传统文化，深入开展宪法法治教育。

2. 注重科学思维方法训练和科学伦理教育，培养学生探索未知、追求真理、勇攀科学高峰的责任感和使命感；强化学生工程伦理教育，培养学生精益求精的大国工匠精神，激发学生科技报国的家国情怀和使命担当。加快构建中国特色哲学社会科学学科体系、学术体系、话语体系。帮助学生了解相关专业和行业领域的国家战略、法律法规和相关政策，引导学生深入社会实践、关注现实问题，培育学生经世济民、诚信服务、德法兼修的职业素养。

3. 教育引导学生深刻理解并自觉实践各行业的职业精神、职业规范，增强职业责任感，培养遵纪守法、爱岗敬业、无私奉献、诚实守信、公道办事、开拓创新的职业品格和行为习惯。

在此基础上，及时更新教材知识内容，体现产业发展的新技术、新工艺、新规范、新标准。加强教材数字化建设，丰富配套资源，形成可听、可视、可练、可互动的融媒体教材。

教材建设需要各方的共同努力，也欢迎相关教材使用院校的师生及时反馈意见和建议，我们将认真组织力量进行研究，在后续重印及再版时吸纳改进，不断推动高质量教材出版。

机械工业出版社

第2版前言

"十二五"职业教育国家规划教材《电梯维修与保养》（2014年7月第1版）出版五年多来，被全国各地职业院校电梯专业师生广泛使用。在此期间，我国的经济社会发展对职业教育、对职业教育人才培养规格提出了新的要求，电梯专业的产品与技术发展及专业教学要求也不断发展变化。为适应当前职业教育教学改革的要求，对原书进行修订。

本次修订的基本指导思想是：

1. 符合当前职业教育教学改革和教材建设的总体目标，力求教材的基本内容体系与岗位的关键职业能力培养要求相对应。

2. 随着本专业其他系列教材的陆续出版，明确本书在本系列教材中的定位，突出"维修"与"保养"两个方面的内容，对内容结构体系做相应调整。

3. 本书内容结构完全按照一体化教学的要求，适应近年来教学模式与竞赛模式变化的需求。

4. 紧扣国家与行业标准的更新，紧跟电梯技术与产品发展的要求。强化遵规依标意识，强调安全与规范操作。

具体的修订内容有：

1. 维修与保养的内容源自典型的工作任务。如维修的案例完全取自电梯的常见多发故障，着重于故障的诊断思路与精准维修方法的介绍；而保养则完全按照国家颁布的保养规则（TSG T5002—2017《电梯维护保养规则》等）要求进行编写。

2. 体现课程思政，在"阅读材料"中融入我国电梯的发展历史、应用实例，以及对新知识、新技术、新工艺、新的设备和元器件的介绍。

3. 配套完善的立体化教学资源，包括习题答案、电子教案、PPT、微视频和题库等。

本书以亚龙YL-777型电梯安装、维修与保养实训考核装置（及其系列配套产品）作为教学用机。该设备解决了长期以来电梯教学设备实用性与教学操作性难以统一的矛盾，实现了真实的使用功能与整合的教学功能、完善的安全保障性能三者的统一，有利于在专业教学中实施任务驱动、项目教学和行动导向等具有职业教育特点的教学方法，有利于组织一体化教学，真正实现"做中学、做中教"，达到更理想的教学效果，从而实现教学环境与工作环境、教学内容与工作实际、教学过程与岗位操作过程、教学评价标准与职业标准的"四个对接"。

本书推荐的两个教学方案分别为90学时和108学时（均为一学期完成），见下表。

项　目	标题与内容	建议教学方案	
		方案一	方案二
项目 1	电梯维修保养操作规范	20	24
项目 2	电梯的安全使用和管理	4	6
项目 3	电梯机械系统的维修	20	24
项目 4	电梯电气系统的维修	24	28
项目 5	电梯的维护保养	18	22
机　动		4	4
总学时		90	108

　　本书由李乃夫担任主编，具体分工如下：项目 1 由陈碎芝、陈小敏编写，项目 2 由李乃夫、范秉欣、林文友编写，项目 3 由冯晓军编写，项目 4 由周伟贤、何文中编写，项目 5 由许轩彦、叶俊杰、岑伟富编写。全书由李乃夫统稿，由曾伟胜主审。亚龙智能装备集团股份有限公司为本书的编写提供了相关资料，杨鹏远、李国令工程师参与拟定本书的编写方案，并审阅了书稿，提出了许多宝贵的修改意见。中新软件（上海）有限公司为本书提供了配套视频资源。在此一并表示衷心的感谢！

　　欢迎广大读者及同行对本书提出意见或给予指正！

　　说明：为了方便读者对照设备进行实训操作，书中电路图的图形符号与文字符号均沿用亚龙智能装备集团股份有限公司所提供的电气原理图图样惯用符号，未统一采用国家标准符号。

编　者

第1版前言

本书是经全国职业教育教材审定委员会审定的"十二五"职业教育国家规划教材，是以教育部2014年公布的《中等职业学校电气运行与控制专业教学标准》为依据，同时参考国家相关标准编写而成的。

本书在编写理念上，注重符合当前职业教育教学改革和教材建设的总体目标，符合职业教育教学规律和技能型人才成长规律，体现职业教育教材特色，改变了传统教材仅注重课程内容组织而忽略对学生综合素质与能力培养的弊病，在传授知识与技能的同时注意融入对学生职业道德和职业意识的培养。让学生在完成学习任务的过程中，学习工作过程知识，掌握各种工作要素及其相互之间的关系（包括工作对象、设备与工具、工作方法、工作组织形式与质量要求等），从而达到培养关键职业能力和促进综合素质提高的目的，使学生学会工作、学会做事。

本书主要从课程内容体系及其相应教学方法上作了以下尝试与改革：

1. 采用任务驱动、项目式教学的方式，尝试将本课程的主要教学内容分解为8个学习任务，分别为认识电梯，电梯的使用和管理，电梯的安全操作规范，电梯电气系统的维修，电梯机械系统的维修，电梯曳引系统的维护保养，电梯机械系统的维护保养，电梯安全保护装置和电气系统的维护保养。

2. 书中所设计的学习过程和学习方式如下图所示：

在每个学习任务中出现的有关栏目的含义和作用是：

◆ 学习目标："新大纲"中分解到本任务中的应知与应会学习内容。

◆ 基础知识：介绍完成子任务所必备的基础知识。

◆ 工作步骤：将本任务（子任务）分解成若干个工作实施步骤，根据需要在中间穿插介绍相关知识，可组织实施理论与实践的一体化教学。

◆ 相关链接：介绍在进行该工作步骤中，所直接涉及的一些资料，如工程应用方面的知识、仪器仪表和工具的使用注意事项等，并介绍理论知识在实际生产和生活中的应用。

◆ 多媒体资源：对适合采用多媒体学习方式的相关内容予以提示。

◆ 评价反馈：任务完成后的评价与反馈，包括学生的自我评价、同组互评以及教师评价。

◆ 阅读材料："新大纲"中一些选学的内容，以及"四新"内容，或与本专业相关的应用知识，供课余阅读，给教学者和学习者以一定的选择空间。也使学生通过学习本课程，对专业知识的应用有一定了解，以培养对后续专业课程的学习兴趣。

3. 本书以亚龙YL-777型电梯安装、维修与保养实训考核装置（及其配套产品）作为教学用机。该设备有利于组织一体化教学，真正实现"做中学、做中教"，达到更理想的教学

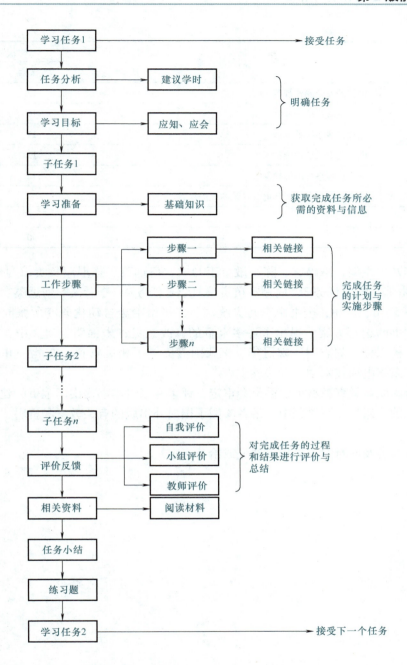

效果。

4. 本书推荐的两个教学方案分别为 6 学时/周 × 15 周 = 90 学时和 6 学时/周 × 18 周 = 108 学时（均为一学期完成），见下表。

学 习 任 务	标题与内容	建议教学方案	
		方案一	方案二
1	认识电梯	8	10
2	电梯的使用和管理	6	8

（续）

学习任务	标题与内容	建议教学方案	
		方案一	方案二
3	电梯的安全操作规范	12	14
4	电梯电气系统的维修	16	18
5	电梯机械系统的维修	12	14
6	电梯曳引系统的维护保养	12	16
7	电梯机械系统的维护保养	12	14
8	电梯安全保护装置和电气系统的维护保养	8	10
机　动		4	4
总学时		90	108

　　本书由李乃夫主编，陈碎芝、陈小敏、李乃夫、何远英、陈琨韶负责编写学习任务 1、2，陈碎芝负责编写学习任务 3，周伟贤负责编写学习任务 4；李乃夫、何远英、陈琨韶负责编写学习任务 5、6、7、8，全书由李乃夫统稿。广州市冶金自动化研究所张同苏高级工程师参与拟定本书的编写方案，提出了许多宝贵的修改意见；朱锦明、何文中、郑建文、刘飞、陈路兴、杨国柱、刘志明、魏冠华、李荣国等提供了相关资料，在此一并表示衷心感谢！本书由广东省电梯技术学会曾伟胜主审。

　　本书经全国职业教育教材审定委员会审定，评审专家对本书提出了宝贵的建议，在此对他们表示衷心的感谢！编写过程中，编者参阅了国内外出版的有关教材和资料，在此一并表示衷心感谢！

　　欢迎广大读者及同行对本书提出意见或给予指正！

编　者

目 录

第 2 版前言

第 1 版前言

项目 1　电梯维修保养操作规范 ·········· **1**

学习任务 1.1　电梯概述 ·········· 1

学习任务 1.2　电梯维修保养基本操作规范 ·········· 20

学习任务 1.3　机房的基本操作 ·········· 30

学习任务 1.4　盘车 ·········· 34

学习任务 1.5　进出轿顶 ·········· 40

学习任务 1.6　进出底坑 ·········· 47

学习任务 1.7　电梯维修保养常用工具的使用 ·········· 51

项目小结 ·········· 65

思考与练习题 ·········· 65

项目 2　电梯的安全使用和管理 ·········· **72**

学习任务 2.1　电梯的安全使用 ·········· 72

学习任务 2.2　电梯的日常管理 ·········· 82

项目小结 ·········· 89

思考与练习题 ·········· 89

项目 3　电梯机械系统的维修 ·········· **91**

学习任务 3.1　电梯曳引系统的维修 ·········· 93

学习任务 3.2　电梯轿厢系统的维修 ·········· 98

学习任务 3.3　电梯门系统的维修 ·········· 106

学习任务 3.4　电梯导向和重量平衡系统的维修 ·········· 112

学习任务 3.5　电梯安全保护装置的维修 ·········· 121

项目小结 ·········· 124

思考与练习题 ·········· 125

项目 4　电梯电气系统的维修 ·········· **130**

学习任务 4.1　电气控制柜的维修 ·········· 134

学习任务 4.2　安全保护电路的维修 ·· 140

学习任务 4.3　电梯控制电路的维修 ·· 146

学习任务 4.4　曳引电动机驱动控制电路的维修 ································· 150

学习任务 4.5　开关门电路的维修 ·· 154

学习任务 4.6　呼梯与层楼显示系统的维修 ·· 156

学习任务 4.7　电梯其他电路的维修 ·· 163

学习任务 4.8　电梯电器元件的检修 ·· 170

项目小结 ·· 173

思考与练习题 ·· 174

项目 5　电梯的维护保养 ··· 180

学习任务 5.1　电梯的半月维护保养 ·· 180

学习任务 5.2　电梯的季度维护保养 ·· 189

学习任务 5.3　电梯的半年维护保养 ·· 193

学习任务 5.4　电梯的年度维护保养 ·· 201

项目小结 ·· 210

思考与练习题 ·· 210

附　　录 ··· 215

附录Ⅰ　亚龙 YL 系列电梯教学设备 ·· 215

附录Ⅱ　亚龙 YL-777 型电梯电气原理图（部分） ···························· 218

附录Ⅲ　亚龙 YL-777 型电梯故障代码 ·· 229

附录Ⅳ　TSG T5002—2017《电梯维护保养规则》 ··························· 236

参考文献 ··· 245

项目1 电梯维修保养操作规范

 **项目分析**

通过本项目的学习，使学生认识电梯的基本结构，掌握电梯维修保养工作中的安全操作规范，掌握机房的基本操作、盘车、进出轿顶与进出底坑的具体操作步骤和注意事项，学会使用电梯维修保养常用工具，养成良好的安全意识和职业素养。

 建议学时

建议学习本项目所用学时为 20～24 学时。

 学习目标

应知

1. 了解电梯的定义和分类，认识电梯的基本结构。

2. 掌握电梯的安全知识和维修保养基本操作规范。

应会

1. 掌握电梯规范操作步骤。

2. 学会电梯维修保养常用工具的使用。

 学习任务 1.1　电梯概述

 基础知识

一、电梯的基础知识

（一）基本概念

1. 电梯的定义

在 GB/T 7024—2008《电梯、自动扶梯、自动人行道术语》中对电梯的定义为："服务于建筑物内若干特定的楼层，其轿厢运行在至少两列垂直于水平面或沿垂线倾斜角小于 15°的刚性导轨运动的永久运输设备。"

2. 主要参数

电梯的主要参数有电梯的类型、额定载重量、额定速度、额定乘客人数、电力拖动方式、控制方式、轿厢尺寸、开门方式、层间距离、提升高度和层站。

（1）电梯的类型

Ⅰ类——为运送乘客而设计的电梯。

Ⅱ类——主要为运送乘客而设计，同时也可运送货物的电梯。

Ⅲ类——为运送病床（包括病人）及医疗设备而设计的电梯。

Ⅳ类——主要为运输通常需由人伴随的货物而设计的电梯。

Ⅴ类——运输杂物的电梯。

Ⅵ类——为适应大交通流量和频繁使用而特别设计的电梯，如速度为 2.5m/s 及以上的电梯。

电梯分类介绍

（2）额定载重量

电梯设计所规定的轿厢载重量（单位为 kg）。如 400、630、800、1000、1250、1600、2000、2500 等。

（3）额定速度

电梯设计所规定的轿厢运行速度（单位为 m/s）。如 0.25、0.40、0.50、0.63、1.00、1.60、1.75、2.50 等。

（4）额定乘客人数

电梯设计限定的最多允许乘客数量（包括司机在内）。

（5）电力拖动方式

指电梯采用的电力拖动系统的种类。电力拖动系统在相当程度上决定了电梯的运行性能。目前电梯的电力拖动系统主要有交流拖动系统和直流拖动系统两大类型。

（6）控制方式

对电梯运行实行的操纵方式。常用的有手柄开关操纵、按钮控制、信号控制、集选控制、并联控制和群控等。

（7）轿厢尺寸

轿厢内部尺寸和外廓尺寸，以深度乘以宽度表示。内部尺寸由电梯种类和额定载重量决定，外廓尺寸则由井道的设计决定。

（8）开门方式

电梯的开门方式分为中分式、旁开式和垂直滑动式等几种类型。

（9）层间距离

两个相邻停靠层站层门地坎之间的垂直距离称为层间距离。

（10）提升高度

从底层端站地坎表面至顶层端站地坎上表面之间的垂直距离称为提升高度。

（11）层站

各楼层用于出入轿厢的地点。电梯停靠的楼层站数只能小于或等于楼层数。

3. 电梯的型号

电梯型号的编制应符合如下规定。

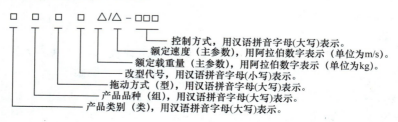

例如，TKJ1500/2.0-QKW 型电梯的型号含义为交流客梯、额定载重量为 1500kg、额定速度为 2.0m/s、群控方式、采用微机控制。

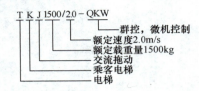

可见，电梯的型号主要由三大部分所组成：第一部分为类、组、型和改型代号；第二部分为主参数代号，包括额定载重量和额定速度；第三部分为控制方式代号。具体可查阅相关资料。

（二）电梯的分类

根据建筑的高度、用途及客流量（或物流量）的不同应设置不同类型的电梯。目前电梯的基本分类方法大致如下。

1. 按用途分类

（1）乘客电梯（见图 1-1a）

乘客电梯是为运送乘客而设计的电梯。它对安全、乘坐舒适感和轿厢内的环境等方面都要求较高，主要用于宾馆、酒店、写字楼和住宅等，使用量很大。

（2）观光电梯（见图 1-1b）

观光电梯的井道和轿厢壁至少有同一侧透明，乘客可观看轿厢外景物。一般装于高层建筑的外墙、内厅或旅游景点，其轿厢装饰美观。

（3）载货电梯（见图 1-1c）

载货电梯主要用于运送货物，同时允许有人员伴随。要求其轿厢的面积大、载重量大，常用于工厂车间、仓库等。

（4）客货两用电梯

客货两用电梯以运送乘客为主，是一种可同时兼顾运送非集中载荷货物的电梯。它具有客梯与货梯的特点，如一些住宅楼、写字楼的电梯。

（5）病床（医用）电梯（见图 1-1d）

病床（医用）电梯主要用于运送病床（病人）及相关医疗设备。其轿厢一般窄而长，双面开门，要求运行平稳。

（6）非商用汽车电梯（见图 1-1e）

非商用汽车电梯主要用于运载小型汽车。

（7）杂物电梯（见图 1-1f）

杂物电梯是服务于规定层站的固定式提升装置。它具有一个轿厢，由于结构型式和尺寸的关系，不允许人员进入轿厢。如饭店用于运送饭菜、图书馆用于运书的小型电梯，其轿厢面积与载重量都较小，只能运货而不能载人。

（8）自动扶梯（见图 1-1g）

自动扶梯是一种带有循环运行梯级，主要用于向上或者向下、与地面成 27.3°~35° 倾斜角的输送乘客的固定电力驱动设备。

（9）自动人行道（见图 1-1h）

自动人行道是一种带有循环运行（板式或带式）走道，主要用于水平或倾斜角不大于

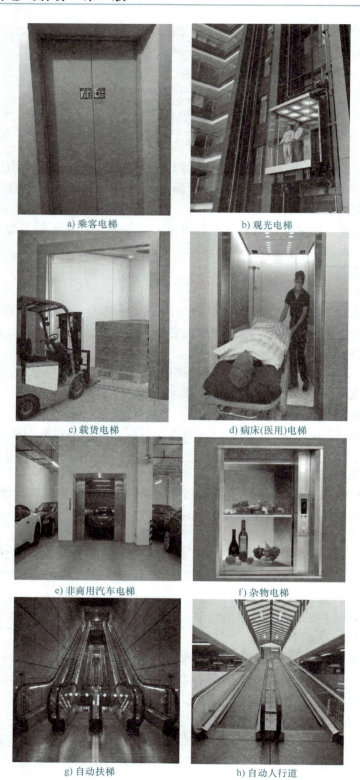

a) 乘客电梯 b) 观光电梯

c) 载货电梯 d) 病床(医用)电梯

e) 非商用汽车电梯 f) 杂物电梯

g) 自动扶梯 h) 自动人行道

图 1-1 各种电梯

12°输送乘客的固定电力驱动设备。

注：按照定义，电梯应是一种垂直方向运行的运输设备，而在许多公共场所使用的自动扶梯和自动人行道则是在水平方向上（或有一定倾斜度）的运输设备。但目前多数国家都习惯将自动扶梯和自动人行道归类于电梯中。

自动扶梯和自动人行道常用于商场、机场、车站等公共场所。随着大量的公共设施建成投入使用，其使用越来越普遍（据统计约占电梯总量的15%）。本书仅介绍垂直电梯的维修保养，自动扶梯和自动人行道维修保养的内容可参见本书的系列教材《自动扶梯运行与维保》。

（10）特殊电梯

除上述常用电梯外，还有些特殊用途的电梯，如斜行电梯和建筑施工电梯。

1）斜行电梯。斜行电梯是一种轿厢在倾斜的井道中沿着倾斜的导轨运行，是集观光和运输于一体的输送设备。特别是由于土地紧张而将住宅移至山区后，斜行电梯得到了迅速发展。

2）建筑施工电梯。这是一种采用齿轮齿条啮合方式（包括销齿传动与链传动，或采用钢丝绳提升），使吊笼作垂直或倾斜运动的机械，用以输送人员或物料，主要应用于建筑施工与维修。它还可以作为仓库、码头、船坞、高塔、高烟囱长期使用的垂直运输机械。

此外，还有停车场用电梯、船用电梯、冷库电梯、防爆电梯、矿井电梯、电站电梯及消防员用电梯等专用电梯。

2. 按驱动方式分类

（1）交流电梯

交流电梯是一种用交流感应电动机作为驱动的电梯。根据拖动方式又可分为交流单速、交流双速、交流调压调速及交流变压变频调速等。

（2）直流电梯

直流电梯是一种用直流电动机作为驱动的电梯。这类电梯的额定速度一般在2m/s以上。

（3）液压电梯（见图1-2a）

液压电梯是一种利用电动泵驱动液体流动，由柱塞使轿厢升降的电梯。

（4）齿轮齿条电梯（见图1-2b）

齿轮齿条电梯是一种将导轨加工成齿条，轿厢装设与齿条啮合的齿轮，由电动机带动齿轮旋转使轿厢升降的电梯。

（5）直线电动机驱动的电梯

直线电动机驱动电梯是一种由直线电动机作为动力源的电梯。

（6）螺杆式电梯

螺杆式电梯是将直顶式电梯的柱塞加工成矩形螺纹，再将带有推力轴承的大螺母安装于油缸顶，通过电动机（经减速器或传动带）带动螺母旋转从而使轿厢上升或下降的电梯。

3. 按速度分类

通常将额定速度低于1m/s速度的电梯称为低速电梯，速度在1～2m/s的为中速电梯，

a) 液压电梯　　　　　　　　　　b) 齿轮齿条电梯

图1-2　按驱动方式分类的电梯

速度在 2~5m/s 的为高速电梯，而将速度超过 5m/s 的称为超高速电梯。

需要说明的是：电梯按速度分类没有严格的标准，以上仅是我国的习惯分类方法。随着电梯速度的不断提升，按速度对电梯的分类标准也会相应改变。

4. 按操纵控制方式分类

（1）手柄开关操纵

手柄开关操纵是由司机转动手柄位置（开断/闭合）来操纵电梯运行或停止的一种控制方式。

（2）按钮控制

电梯运行由轿厢内操纵盘上的选层按钮或层站呼梯按钮来操纵。若某层站的乘客将呼梯按钮按下，电梯就起动运行去应答；在电梯运行过程中如果其他层站有呼梯按钮按下，控制系统只将信号记存下来而先不去应答，而且也不能把电梯截停，直到电梯完成前应答运行层站之后方可应答其他层站的呼梯信号。

（3）信号控制

信号控制是将与电梯运行方向一致的呼梯信号储存，电梯依次应答接运乘客的一种控制方式。电梯运行取决于电梯司机操纵，而电梯在任何层站停靠由轿厢操纵盘上的选层按钮信号和层站呼梯按钮信号控制。电梯往复运行一周可以应答所有呼梯信号。

（4）集选控制

集选控制是在信号控制的基础上把召唤信号集合起来进行有选择的应答的一种控制方式。电梯可有（无）司机操纵，在电梯运行过程中可以应答同一方向所有层站呼梯信号和操纵盘上的选层信号，并自动在这些信号指定的层站平层停靠。电梯运行响应完所有呼梯信号和指令信号后，可以返回基站待命；也可以停留在最后一次运行的层站待命。

（5）并联控制

并联控制时，两台电梯共同处理层站呼梯信号，并联的各台电梯相互通信、相互协调，根据各自所处的楼层位置和其他相关的信息，确定一台最合适的电梯去应答每一个层站的呼梯信号，从而提高电梯的运行效率。

（6）群控

将两台以上电梯组成一组，由群控系统负责处理群内电梯所有层站的呼梯信号。群控系统可以是独立的，也可以隐含在每一个电梯控制系统中。群控系统根据群内每台电梯的楼层位置、已登记的指令信号、运行方向、电梯状态、轿厢内载荷等信息，实时将每一个层站呼梯信号分配给最适合的电梯去应答，从而最大限度地提高群内电梯的运行效率。群控系统中，通常还可选配上、下班高峰服务，分散待梯等多种满足特殊场合使用要求的操作功能。

5. 其他方式分类

如按机房分类，可分为有机房电梯（见图 1-3a，包括机房在井道顶部的上机房电梯和机房在井道底部旁侧的下机房电梯）和无机房电梯（见图 1-3b）；如按同一个井道内轿厢的数量分类，则有"单轿厢电梯""双层轿厢电梯"（见图 1-3c）和"双子电梯"等（见图 1-3d）。

a) 有机房电梯　　b) 无机房电梯　　　　c) 双层轿厢电梯　　　　d) 双子电梯

图 1-3　其他方式分类的电梯

二、电梯的基本结构

电梯的整体基本结构如图 1-4 所示。由图可见，电梯从空间位置上可分为 4 个部分：依附建筑物的机房与井道、运载乘客或货物的空间——轿厢、乘客或货物出入轿厢的地点——层站，即机房、井道、轿厢、层站 4 个空间。如果从电梯各部分的功能区分，则可分为曳引系统、轿厢系统、门系统、导向和重量平衡系统、电气系统及安全保护系统，6 个系统的主要部件与功能见表 1-1。

表 1-1　电梯各系统的主要部件与功能

序号	系　统	主要部件	功　能
1	曳引系统	曳引机、曳引钢丝绳、导向轮、反绳轮等	输出与传递动力，驱动电梯运行
2	轿厢系统	轿厢架、轿厢体	运送乘客和（或）货物的部件，是电梯的承载工作部分
3	门系统	轿门、层门、开门机、联动机构、门锁等	乘客或货物的进出口，运行时，层、轿门必须封闭，到站时才能打开
4	导向系统	轿厢的导轨、对重的导轨、导靴、导轨架	限制轿厢和对重，使其只能沿着导轨作上、下运动
	重量平衡系统	对重和重量补偿装置等	平衡轿厢重量以及补偿高层电梯中曳引绳长度的影响

（续）

序号	系　统	主要部件	功　　能
5	电气系统	配电箱、控制柜、操纵装置、位置显示装置、呼梯盒、平层装置、选层器等	对电梯供电并对其运行实行操纵和控制
6	安全保护系统	限速器、安全钳、缓冲器和端站保护、超速保护、供电系统断相/错相保护、行程终端保护、层门锁与轿门电气联锁保护等装置	保证电梯安全使用，防止一切危及人身安全的事故

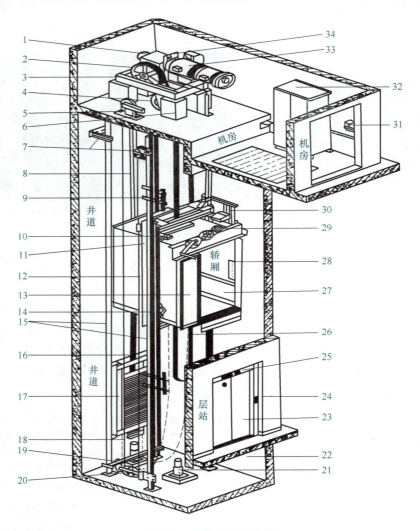

图 1-4　电梯的基本结构

1—减速箱　2—曳引轮　3—曳引机底座　4—导向轮　5—限速器　6—机座　7—导轨支架
8—曳引钢丝绳　9—隔磁板　10—紧急终端开关　11—导靴　12—轿厢架　13—轿门
14—安全钳　15—导轨　16—绳头组合　17—对重　18—补偿链　19—补偿链导轮
20—张紧装置　21—缓冲器　22—底坑　23—层门　24—呼梯盒　25—楼层指示灯
26—随行电缆　27—轿壁　28—轿内操纵箱　29—开门机　30—井道传感器
31—电源开关　32—控制柜　33—曳引电动机　34—制动器

三、电梯的主要部件

下面就按表1-1的顺序简单介绍电梯各个系统的主要部件及其作用，在后面各学习任务中再进行详细具体的介绍。

（一）曳引系统

电梯曳引系统的作用是产生输出动力，驱动轿厢的运行。曳引系统主要由曳引机（包括曳引电动机和减速箱、制动器和曳引轮）、导向轮、曳引钢丝绳等部件组成，如图1-5所示。

曳引
电动机

制动器

曳引轮

导向轮

图1-5　电梯的曳引系统

1. 曳引机

曳引机是由曳引电动机、电磁制动器减速箱和曳引轮组成的，并通过曳引钢丝绳和曳引轮槽的摩擦力驱动或停止电梯的装置，如图1-6所示。

电磁制动器安装在电动机轴与蜗杆轴的连接处，其作用是使电梯轿厢停靠准确，电梯停止时不会因为轿厢和对重差重而产生滑移。电梯所用的电磁制动器如图1-7所示。

图1-6　曳引机

图1-7　电磁制动器

1—曳引电动机　2—电磁制动器　3—减速箱　4—曳引轮

2. 曳引钢丝绳

电梯的曳引钢丝绳用于连接轿厢和对重装置，承载着轿厢、对重和额定载重量等重量的总和，其组成和绳头组合形式如图1-8所示。

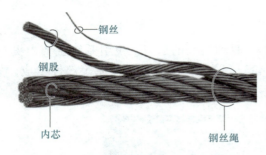

a) 曳引钢丝绳的组成 　　　　　　b) 曳引钢丝绳的绳头组合形式

图1-8　电梯的曳引钢丝绳

（二）轿厢系统

电梯的轿厢是用于乘载乘客或其他载荷的箱形装置，由轿厢架与轿厢体等构成，如图1-9所示。

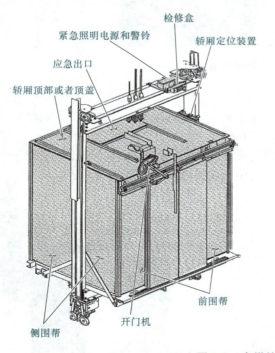

图1-9　电梯的轿厢

1. 轿厢架

轿厢架是用于固定和支撑轿厢的框架，由上梁、下梁和立柱等组成。

2. 轿厢体

轿厢体是电梯运载人和货物的空间部分，由轿厢底、轿厢壁、轿厢顶和轿厢门等组成。

3. 称量装置

称量装置是能检测轿厢内载荷值并发出信号的装置（见图1-10）。它用于检测轿厢的载重量，当电梯超载时该装置发出超载信号，同时切断控制电路使电梯不能起动；当重量调整到额定值以下时，控制电路自动重新接通，电梯得以运行。

称量装置

图1-10　称量装置

（三）门系统

电梯的门系统包括轿门、层门、开关门机构及自动门锁装置等，轿门在轿厢上，层门安装在井道与层站的出入口处，如图1-11所示。

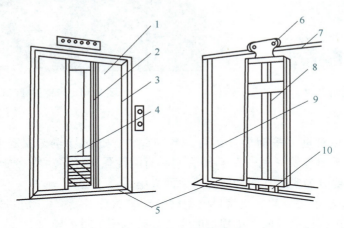

图1-11　电梯门的基本结构

1—层门　2—轿门　3—门套　4—轿厢　5—门地坎　6—门滑轮
7—层门导轨架　8—门扇　9—层门门框　10—门滑块

1. 层门

层门也称为厅门，是设置在层站入口的门。层门由门扇、门套、门导轨架、门导靴、自动门锁、门地坎、层门联动机构和紧急开锁装置等组成。

2. 轿门

轿门是设置在轿厢入口的门，由门扇、门导轨架、轿门地坎及门导靴等组成。

3. 自动开关门机构

自动开关门机构是一种在电梯轿厢平层时，驱动电梯的轿和层门开启或关闭的装置，通常安装在轿厢顶部，如图 1-12 所示。自动开关门机构主要包括开门电动机、传动带轮（或链轮）和减速装置等。

4. 门锁装置

门锁装置是一种在轿门与层门关闭后锁紧，同时接通控制回路，轿厢方可运行的机电联锁安全装置。

（四）导向系统和重量平衡系统

1. 导向系统

电梯的导向系统分别作用于轿厢和对重，由导轨、导靴和导轨架组成。导轨架作为导轨的支撑件被固定在井道壁上，导轨通过导轨压板固定在导轨架上，导靴安装在轿厢和对重架的两侧，其靴衬（或滚轮）与导轨工作面配合，导轨限定了轿厢与对重在井道中的相对位置。这三个部分的组合使轿厢及对重只能沿着导轨作上下运动，如图 1-13 所示。

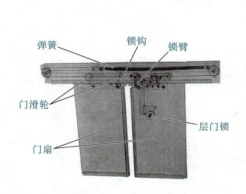

图 1-12　开关门机构

图 1-13　电梯的导向系统

（1）导轨

导轨是供轿厢和对重（平衡重）运行的导向部件，通过导轨架固定连接在井道壁上。电梯常用的导轨是 T 形导轨（见图 1-14a），它具有刚性强、可靠性高及安全等特点。

电梯的导轨主要分为实心导轨和空心导轨两大类。

1）实心导轨是机加工导轨，是将导轨型材的导向面及连接部位经机械加工制成，在电梯运行中为轿厢的运行提供导向，小规格的实心导轨也用于对重导向。

2）空心导轨是一种经冷轧折弯成空腹 T 形的导轨，常用于没有安装限速装置的对重侧。

（2）导靴

导靴按用途可以分为滑动导靴和滚动导靴。

1）滑动导靴：是一种设置在轿厢架和对重（平衡重）装置上，其靴衬在导轨上滑动，使轿厢和对重（平衡重）装置沿导轨运行的导向装置（见图 1-14b）。

2）滚动导靴：是一种设置在轿厢和对重装置上，其滚轮在导轨上滚动，使轿厢和对重装置沿导轨运行的导向装置。

（3）导轨架

导轨架是一种固定在井道壁或横梁上，用于支撑和固定导轨用的构件，如图 1-15 所示。

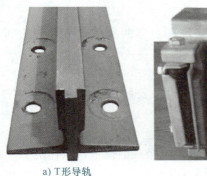

a) T形导轨　　　　　b) 导靴

图 1-14　导轨和导靴

图 1-15　导轨架

2. 重量平衡系统

重量平衡系统如图 1-16 所示。它主要由对重与重量补偿装置组成，其主要作用是平衡轿厢重量以及补偿高层电梯中曳引绳及随行电缆等自重的影响，以减少系统能耗、优化驱动结构、提高输送效率。

对重架

补偿链

图 1-16　重量平衡系统

（1）对重块和对重架

对重块是制成一定形状和规格，具有一定重量的铸铁件；对重架是放置对重块的钢架，如图 1-17 所示。

a) 对重架　　　　　　　　　　　b) 对重块和防护装置

图 1-17　对重块和对重架

（2）重量补偿装置

重量补偿装置是用来补偿电梯运行时因曳引绳造成的轿厢和对重两侧重量不平衡的部件，如图 1-18 所示。

（五）电气系统

电梯的电气系统主要包括机房里的配电箱和电气控制柜，以及安装在电梯各部位的控制、保护电器。

1. 配电箱

配电箱的作用是为电梯的电气系统提供不同电压的电源。配电箱一般设置在电梯机房入口，如图 1-19 所示。配电箱上有锁，可在检修时上锁，以防意外送电。

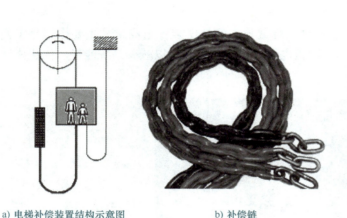

a) 电梯补偿装置结构示意图　　　　b) 补偿链

图 1-18　对重补偿装置

图 1-19　配电箱

2. 电气控制柜

电梯的电气控制柜安装在机房里，内装有电梯的电气控制系统，以实现电梯的自动控制和电气保护。图 1-20a 所示为电气控制柜的外观，图 1-20b 所示为电气控制柜的内部结构，而图 1-20c 所示为装在控制柜右上角的电气控制板。

电梯的电气系统还包括安装在电梯各部位的安全开关和电器等，以及由此构成的各部分电路。

（六）安全保护系统

电梯的安全保护系统主要由机械安全装置和电气安全装置两大类组成，主要有限速器、安全钳、缓冲器和端站开关等。

1. 限速器与安全钳

限速器通常安装在电梯机房或隔音层的地面上，如图 1-21a 所示；安全钳则装在轿厢上，如图 1-21b 所示。当电梯运行速度超过额定速度一定值时，限速器动作，切断安全回路或进一步使安全钳或超速保护装置起作用，使电梯减速直到停止的安全装置。安全钳是一种在限速器动作时，使轿厢或对重停止运行，并能夹紧在导轨上的机械安全装置。

2. 缓冲器

缓冲器的作用是：当轿厢或对重下行越出极限位置冲底时，用来减缓冲击力。缓冲器安

a) 电气控制柜的外观　　　　　　b) 电气控制柜的内部结构

c) 电气控制板

图 1-20　机房电气控制柜

a) 限速器　　　　　　　　　　　b) 安全钳

图 1-21　限速器和安全钳

装在电梯的井道底坑内，位于轿厢和对重的正下方，常用的两种缓冲器如图 1-22 所示。

3. 端站开关

端站开关是当轿厢超越了端站后强迫其停止的保护开关。端站开关一般由设置在井道内上、下端站的强迫缓速开关、限位开关和极限开关组成，这些开关或碰轮都安装在导轨上，如图 1-23 所示，由安装在轿厢上的碰板（撞杆）触动而动作。

端站开关

a) 聚氨酯缓冲器   b) 液压缓冲器

图1-22 缓冲器   图1-23 端站开关

 **工作步骤**

步骤一：实训准备

1) 指导教师先到准备组织学生参观的电梯所在场所"踩点"，了解周边环境、交通路线等，事先做好预案（参观路线、学生分组等）。

2) 对学生进行参观前的安全教育（详见"相关链接：参观注意事项"）。

步骤二：参观电梯

组织学生到有关场所（如学校的教学楼、实训楼或办公大楼，公共场所如商场、写字楼等）参观电梯，将观察结果记录于表1-2中（也可自行设计记录表格，下同）。

表1-2 电梯参观记录

电梯类型	客梯、货梯、客/货两用梯、观光电梯、特殊用途电梯、自动扶梯、自动人行道
安装位置	宾馆酒店、商场、住宅楼、写字楼、机场、车站、其他场所
主要用途	载客、载货、观光、其他用途
层/站	n层/n站
载重量（或载客人数）	
电梯型号	
运行速度/(m/s)	
观察电梯的运行方式和操作过程的其他记录	

步骤三：观察电梯结构

以3～6人为一组，在指导教师的带领下观察电梯（可用 YL—777 型实训电梯，下同），全面、系统地了解电梯的基本结构，认识电梯的各个系统和主要部件的安装位置及作用。学会由部件名称去确定其在电梯整机中的位置，并找出部件；做到能说出部件的主要作用、功能及安装位置；再由小组成员互相提问，反复进行。将学习情况记录于表 1-3 中。

表 1-3　电梯部件的功能及安装位置学习记录

序　号	部件名称	主要功能	安装位置	备　注
1				
2				
3				
4				
5				
6				
7				
8				
9				
10				

注意：操作过程中要注意安全，由于本任务尚未进行进出轿顶和底坑的规范操作训练，因此不宜进入轿顶与底坑；在机房观察电气设备也应在教师指导下进行。

四、实训总结

学生分组，每个人口述：

1）所参观电梯的类型、用途及基本功能等。

2）所观察电梯的基本结构和主要部件功能。要求能说出各部件的主要作用、功能及安装位置；再互相提问，反复进行。

 **相关链接**

参观注意事项

1）参观时，首先一定要注意安全。在组织参观前要做好联系工作，事先了解现场环境，安排好参观位置，不要影响现场秩序，防止发生事故。参观前，必须对学生进行安全教育，强调绝对不能乱动、乱碰任何控制电器。

2）若参观现场比较狭窄，可分组分批轮流或交叉参观，每组人数根据实际情况确定，以保证安全、不影响现场秩序为前提，以确保教学效果为原则。

3）若条件许可，可有目的地组织参观各种电梯，如客梯、货梯、观光梯、自动扶梯及专用电梯等。

 **评价反馈**

（一）自我评价（40 分）

由学生根据学习任务完成情况进行自我评价，将评分值记录于表 1-4 中。

表1-4 自我评价

学习任务	项目内容	配分	评分标准	扣分	得分
学习任务1.1	1. 安全意识	10	1. 不遵守安全规范操作要求（酌情扣2~5分） 2. 有其他违反安全操作规范的行为（扣2分）		
	2. 熟悉电梯主要部件和作用	40	1. 没有找到指定的部件（1个扣5分） 2. 不能说明部件的作用（1个扣5分）		
	3. 参观（观察）记录	40	表1-2、表1-3记录完整，有缺漏的，每个扣3~5分		
	4. 职业规范和环境保护	10	1. 在工作过程中工具和器材摆放凌乱（扣3分） 2. 不爱护设备、工具，不节省材料（扣3分） 3. 在工作完成后不清理现场，在工作中产生的废弃物不按规定处置，各扣2分（若将废弃物遗弃在井道内的，扣3分）		

总评分=（1~4项总分）×40%

签名：_____ _____年____月____日

（二）小组评价（30分）

由同一实训小组的同学结合自评的情况进行互评，将评分值记录于表1-5中。

表1-5 小组评价

项目内容	配分	评分
1. 实训记录与自我评价情况	30分	
2. 口述电梯的基本结构与各主要部件的作用	30分	
3. 相互帮助与协作能力	20分	
4. 安全、质量意识与责任心	20分	

总评分=（1~4项总分）×30%

参加评价人员签名：_____ _____年____月____日

（三）教师评价（30分）

由指导教师结合自评与互评的结果进行综合评价，并将评价意见与评分值记录于表1-6中。

表1-6 教师评价

教师总体评价意见：	
教师评分（30分）	
总评分=自我评分+小组评分+教师评分	

教师签名：_____ _____年____月____日

阅读材料

阅读材料1.1　电梯技术的发展

据说公元前古希腊就在宫殿里装有人力驱动的卷扬机，它可以被认为是现代电梯的鼻祖。但直到1889年美国的奥的斯公司首先使用电动机作为电梯的动力，这才有了名副其实的"电"梯。追溯电梯一百多年来的发展史，可从以下三个方面进行回顾：

首先，是驱动方式的变化。最早的电梯是鼓轮式的，这是一种像卷扬机式的驱动方式，因电梯的提升高度受钢丝绳长度的限制，所以当时电梯的最大提升高度一般不超过50m。1903年，美国制造了曳引驱动式电梯，它是靠钢丝绳与曳引轮之间的摩擦力使轿厢与对重做一升一降的相反运动，使提升高度和载重量都得到了提高。由于曳引驱动方式具有安全可靠、提升高度基本不受限制、电梯速度容易控制等优点，因此一直沿用至今（见图1-24），成为电梯最常用的驱动方式。

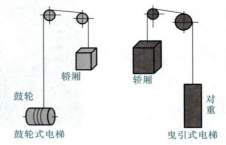

图1-24　电梯的驱动方式

其次，是动力问题。既然是"电"梯，其动力当然来自电动机。最早电梯用的电动机全是直流的，主要靠电枢串联电阻实现调速。1900年出现了用交流电动机拖动的电梯，起初是单速交流电动机，之后出现了变极调速的双速和多速交流电动机。随着电力电子技术的发展，20世纪80年代出现了交流变压变频调速电梯。

在动力问题得到解决后，电梯的发展转向了解决控制与调速的问题。1915年设计出自动平层控制系统；1949年研发出可集中控制6台电梯的电梯群控系统；1955年开始通过计算机对电梯进行控制；现今，电梯已基本采用微机控制。控制技术的发展使电梯的速度不断提高，1933年，美国把当时最高速的电梯安装在纽约的帝国大厦，速度只有6m/s；1962年，速度达到8m/s，1993年，则达到了12.5m/s。

随着科学技术的发展，智能化、信息化建筑的兴起与完善，许多新技术、新工艺逐渐应用到电梯上。目前电梯新技术的应用大概包括以下几方面。

1）互相平衡的双轿厢电梯、同时服务于两个楼层的双层轿厢电梯、一个井道内有两个轿厢的双子电梯、线性电动机驱动的多轿厢循环电梯等。

2）目的楼层选层系统、自动变速电梯。

3）数字智能化的乘客识别与安全监控技术，如手掌静脉识别和人脸识别的安防系统等。

4）无随行电缆电梯，与钢丝绳同强度的自监测合成纤维曳引绳、超级强度碳纤维曳引绳。

5）自动变速的自动扶梯和自动人行道。如长距离的自动扶梯和自动人行道由于运行速度较高，为使乘客能安全地出入，在其出入口有一段由低速过渡到高速的变速段。

6）改变坡度的自动扶梯。如中间某一段为水平运行，以与建筑物的结构或相邻的固定楼梯相吻合。

乘坐电梯去太空的设想最初是由苏联科学家于1985年提出来的，后来一些科学家相继提出各种解决方案（见图1-25）。美国国家宇航局于2000年描述了建造太空电梯的概念：用极细的碳纤维制成的缆绳能延伸到地球赤道上方3.5万km的太空，为了使这条缆绳能够摆脱地心引力的影响，在太空中的另一端必须与一个质量巨大的天体相连。这一天体向外太空旋转的力量与地心引力相抗衡，将使缆绳紧绷，允许电磁轿厢在缆绳中心的隧道中穿行。我们期待着有一天能够乘坐电梯登上太空。

图1-25　太空电梯的设想

学习任务1.2　电梯维修保养基本操作规范

基础知识

一、电梯维修保养工作的基本规定与要求

《中华人民共和国特种设备安全法》的相关规定

第三十三条　特种设备使用单位应当在特种设备投入使用前或者投入使用后三十日内，向负责特种设备安全监督管理的部门办理使用登记，取得使用登记证书。登记标志应当置于该特种设备的显著位置。

第三十四条　特种设备使用单位应当建立岗位责任、隐患治理、应急救援等安全管理制度，制定操作规程，保证特种设备安全运行。

第三十五条　特种设备使用单位应当建立特种设备安全技术档案。安全技术档案应当包括以下内容：

（一）特种设备的设计文件、产品质量合格证明、安装及使用维护保养说明、监督检验证明等相关技术资料和文件；

（二）特种设备的定期检验和定期自行检查记录；

（三）特种设备的日常使用状况记录；

（四）特种设备及其附属仪器仪表的维护保养记录；

（五）特种设备的运行故障和事故记录。

第三十六条 电梯、客运索道、大型游乐设施等为公众提供服务的特种设备的运营使用单位，应当对特种设备的使用安全负责，设置特种设备安全管理机构或者配备专职的特种设备安全管理人员；其他特种设备使用单位，应当根据情况设置特种设备安全管理机构或者配备专职、兼职的特种设备安全管理人员。

……

第三十九条 特种设备使用单位应当对其使用的特种设备进行经常性维护保养和定期自行检查，并作出记录。

特种设备使用单位应当对其使用的特种设备的安全附件、安全保护装置进行定期校验、检修，并作出记录。

第四十条 特种设备使用单位应当按照安全技术规范的要求，在检验合格有效期届满前一个月向特种设备检验机构提出定期检验要求。

特种设备检验机构接到定期检验要求后，应当按照安全技术规范的要求及时进行安全性能检验。特种设备使用单位应当将定期检验标志置于该特种设备的显著位置。

未经定期检验或者检验不合格的特种设备，不得继续使用。

第四十一条 特种设备安全管理人员应当对特种设备使用状况进行经常性检查，发现问题应当立即处理；情况紧急时，可以决定停止使用特种设备并及时报告本单位有关负责人。

特种设备作业人员在作业过程中发现事故隐患或者其他不安全因素，应当立即向特种设备安全管理人员和单位有关负责人报告；特种设备运行不正常时，特种设备作业人员应当按照操作规程采取有效措施保证安全。

第四十二条 特种设备出现故障或者发生异常情况，特种设备使用单位应当对其进行全面检查，消除事故隐患，方可继续使用。

……

第四十五条 电梯的维护保养应当由电梯制造单位或者依照本法取得许可的安装、改造、修理单位进行。

电梯的维护保养单位应当在维护保养中严格执行安全技术规范的要求，保证其维护保养的电梯的安全性能，并负责落实现场安全防护措施，保证施工安全。

电梯的维护保养单位应当对其维护保养的电梯的安全性能负责；接到故障通知后，应当立即赶赴现场，并采取必要的应急救援措施。

第四十六条 电梯投入使用后，电梯制造单位应当对其制造的电梯的安全运行情况进行跟踪调查和了解，对电梯的维护保养单位或者使用单位在维护保养和安全运行方面存在的问题，提出改进建议，并提供必要的技术帮助；发现电梯存在严重事故隐患时，应当及时告知电梯使用单位，并向负责特种设备安全监督管理的部门报告。电梯制造单位对调查和了解的情况，应当作出记录。

🗝️ 相关链接

一、《中华人民共和国特种设备安全法》简介

特种设备包括锅炉、压力容器、压力管道、电梯、起重机械、客运索道、大型游乐设

施、场（厂）内专用机动车辆等。这些设备一般具有在高压、高温、高空、高速条件下运行的特点，易燃、易爆、易发生高空坠落等，对人身和财产安全有较大危险性。

《中华人民共和国特种设备安全法》由中华人民共和国第十二届全国人民代表大会常务委员会第三次会议于 2013 年 6 月 29 日通过，2013 年 6 月 29 日中华人民共和国主席令第 4 号公布。《中华人民共和国特种设备安全法》分总则，生产、经营、使用，检验、检测，监督管理，事故应急救援与调查处理，法律责任，附则，共 7 章，101 条，自 2014 年 1 月 1 日起施行。

特种设备安全法突出了特种设备生产、经营、使用单位的安全主体责任，明确规定：在生产环节，生产企业对特种设备的质量负责；在经营环节，销售和出租的特种设备必须符合安全要求，出租人负有对特种设备使用安全管理和维护保养的义务；在事故多发的使用环节，使用单位对特种设备使用安全负责，并负有对特种设备的报废义务，发生事故造成损害的依法承担赔偿责任。

二、《电梯维护保养规则》的相关规定

TSG T5002—2017《电梯维护保养规则》对电梯的维修保养主要有以下规定（具体详见附录Ⅳ）：

第四条　电梯维保单位应当在依法取得相应的许可后，方可从事电梯的维保工作。

第五条　维保单位应当履行下列职责：

（一）按照本规则、有关安全技术规范以及电梯产品安装使用维护说明书的要求，制定维保计划与方案；

（二）按照本规则和维保方案实施电梯维保，维保期间落实现场安全防护措施，保证施工安全；

（三）制定应急措施和救援预案，每半年至少针对本单位维保的不同类别（类型）电梯进行一次应急演练；

（四）设立 24 小时维保值班电话，保证接到故障通知后及时予以排除；接到电梯困人故障报告后，维保人员及时抵达所维保电梯所在地实施现场救援，直辖市或者设区的市抵达时间不超过 30 分钟，其他地区一般不超过 1 小时；

（五）对电梯发生的故障等情况，及时进行详细的记录；

（六）建立每台电梯的维保记录，及时归入电梯安全技术档案，并且至少保存 4 年；

（七）协助电梯使用单位制定电梯安全管理制度和应急救援预案；

（八）对承担维保的作业人员进行安全教育与培训，按照特种设备作业人员考核要求，组织取得相应的《特种设备作业人员证》，培训和考核记录存档备查；

（九）每年度至少进行一次自行检查，自行检查在特种设备检验机构进行定期检验之前进行，自行检查项目及其内容根据使用状况确定，但是不少于本规则年度维保和电梯定期检验规定的项目及其内容，并且向使用单位出具有自行检查和审核人员的签字、加盖维保单位公章或者其他专用章的自行检查记录或者报告；

（十）安排维保人员配合特种设备检验机构进行电梯的定期检验；

（十一）在维保过程中，发现事故隐患及时告知电梯使用单位；发现严重事故隐患，及时向当地特种设备安全监督管理部门报告。

第六条　电梯的维保项目分为半月、季度、半年、年度等四类，各类维保的基本项目（内容）和要求分别见附录Ⅳ。维保单位应当依据各附件的要求，按照安装使用维护说明书的规定，并且根据所保养电梯使用的特点，制定合理的维保计划与方案，对电梯进行清洁、润滑、检查、调整，更换不符合要求的易损件，使电梯达到安全要求，保证电梯能够正常运行。

现场维保时，如果发现电梯存在的问题需要通过增加维保项目（内容）予以解决的，维保单位应当相应增加并且及时修订维保计划与方案。

当通过维保或者自行检查，发现电梯仅依据合同规定的维保内容已经不能保证安全运行，需要改造、修理（包括更换零部件）、更新电梯时，维保单位应当书面告知使用单位。

第七条　维保单位进行电梯维保，应当进行记录。记录至少包括以下内容：

（一）电梯的基本情况和技术参数，包括整机制造、安装、改造、重大修理单位名称，电梯品种（型式），产品编号，设备代码，电梯型号或者改造后的型号，电梯基本技术参数（内容见第八条）；

（二）使用单位、使用地点、使用单位内编号；

（三）维保单位、维保日期、维保人员（签字）；

（四）维保的项目（内容），进行的维保工作，达到的要求，发生调整、更换易损件等工作时的详细记载。

维保记录应当经使用单位安全管理人员签字确认。

第八条　维保记录中的电梯基本技术参数主要包括以下内容：

（一）曳引与强制驱动电梯（包括曳引驱动乘客电梯、曳引驱动载货电梯、强制驱动载货电梯），为驱动方式、额定载重量、额定速度、层站门数；

……

（四）自动扶梯与自动人行道（包括自动扶梯、自动人行道），为倾斜角、名义速度、提升高度、名义宽度、主机功率、使用区段长度（自动人行道）。

三、电梯维修人员的安全操作规程

（一）电梯维修人员一般安全规定

1）电梯维修人员应当取得相应的特种设备作业人员资格证书。

2）电梯维修保养时，不得少于两人；工作时必须严格按照安全操作规程操作，严禁酒后操作；工作中不准闲谈打闹；不准用导线短接已坏的层门门锁开关。

3）工作前，应先检查自己的劳保用品及所携带的工具有无问题，确保无问题后，才可穿戴及携带。

4）对电梯进行维修保养时，绝不允许其载客或装货。

5）熟练掌握正确安全使用本工种常用机具的方法，并严格遵守吊装、拆卸的安全规定。

6）必须熟练掌握触电后急救的方法，牢记防火知识和灭火常识，掌握电梯因故障停梯时援救被困乘客的方法。

7）必须掌握事故发生后的处理程序。

（二）维修保养作业前的安全准备工作

1）维保人员工作之前，必须身穿工作服、头戴安全帽、脚穿防滑电工鞋，如果需要进出轿顶还必须系好安全带，如图 1-26 所示。

2）作业前，必须在将要维修保养的电梯基站和相关层站门口放置警戒线护栏和安全警示牌，防止作业时无关人员的进入，如图 1-27 所示。

直梯维保前的准备工作

图 1-26　工作前的准备

图 1-27　放置警戒线、警示牌

3）让无关人员离开轿厢或其他检修工作场地，关好层门，当不能关闭层门时，需用合适的护栏挡住入口处，以防无关人员进入电梯。

维保作业前的安全准备工作见表 1-7 所示。

表 1-7　维保作业前的安全准备工作

序　号	内　容	图　片
1	维保人员在进行工作之前，必须身穿工作服、头戴安全帽、脚穿防滑电工鞋；如果需要进出井道、轿顶，还必须系好安全带	安全帽　安全帽带要系结实　整洁的服装　安全带系在上衣外面　安全带系绳　上衣袖口不能卷起　鞋带式安全鞋
2	在维保施工楼层，将防护栏或防护幕挂于层站门口	开口部位　🚫　危险勿近

（续）

序　号	内　容	图　片
3	在维保电梯基站设置好安全警示标志	电梯作业 危险勿近

（三）维修作业中的安全规定

1）对电梯进行维修保养时，一般不准带电作业，当必须带电作业时，应有监护人，并有可靠的安全措施。

2）维修时不得擅改线路，必要时须向主管工程师或主管领导报告，经同意后才能改动，并应保存更改记录后归档。

3）禁止维修人员用手拉井道的电梯电缆。

4）使用的手持行灯必须采用带护罩的、电压为 36V 以下的安全灯。

5）给转动部位加油、清洗，或观察钢丝绳的磨损情况时，必须停止电梯。

6）一个人在轿顶上做检修工作时，必须按下轿顶检修箱上的急停按钮，或扳动安全钳的联动开关，关好层门，在操纵箱上挂"人在轿顶，不准乱动"的警示牌。

7）在轿顶工作时，应选择易于站立的部位，脚下不得有油污，以防滑倒。

8）在轿顶准备开动电梯以观察相关部件的工作情况时，必须站好扶稳。不能扶、抓运行部件，并注意整个身体应置于轿厢外框尺寸之内，防止被其他部件碰伤。需由轿厢内的司机或检修人员开电梯时，应遵守应答制度。

9）对于多台电梯共用一个井道的情况，检修电梯时应加倍小心，除应注意本电梯的情况外，还应注意其他电梯的状态，以防被其碰撞。

10）进入底坑前，应按下底坑急停按钮，进入底坑点亮照明灯后方可进行电梯的维护保养工作，并在层站和层门、轿门处挂上警示牌。

11）手动盘车时，必须切断电梯总电源，应两人配合操作。

12）当有人在底坑、井道中作业维修时，轿厢绝对不能开动，并不得在井道内上、下立体作业。

13）禁止一只脚在轿顶、一只脚在井道固定站立操作，以及两只脚分别站在轿顶与层门上坎之间或层门上坎与轿厢踏板之间进行长时间的检修操作。禁止在层门口探身到轿厢内和轿顶上操作。

14）维修作业间隙需暂时离开现场时，应采取以下安全措施。

① 关好各层门，一时关不上的，必须设置明显障碍并在该层门处悬挂"危险""切勿靠近"警示牌。

② 切断电梯总电源开关。

③ 切断热源，如喷灯、烙铁、电焊机和强光灯等。

④ 必要时，应设专人值班。

15）禁止在井道内和轿顶上吸烟。

（四）维保作业结束后应进行的工作

1）检修工作结束，维修人员离开时，必须关闭所有层门，关不上门的要设置明显障碍物。

2）将所有开关恢复到正常状态，清理现场，摘除警示牌，电梯试运行正常后方能交付使用。

3）收集清点工具材料，清理并打扫工作现场。

4）填写维修保养记录。

 **工作步骤**

步骤一：实训准备

由指导教师对电梯维修保养安全操作规程做简要介绍。

步骤二：学习电梯维保安全操作规程

学生两人一组，在指导教师的带领下做电梯维保作业前的准备工作（包括穿着工作服、戴安全帽、穿防滑电工鞋、系安全带，放置警戒线护栏和安全警示牌等）。将学习情况记录于表1-8中（可自行设计记录表格）。

表1-8 电梯维保作业前准备工作记录

序 号	步 骤	相关记录（如操作要领）
1		
2		
3		
4		
5		
6		

步骤三：总结和讨论

学生分组讨论：

1）学习电梯维保安全操作规程的结果与记录。

2）口述操作方法；再交换角色，反复进行。

3）进行小组互评（叙述和记录的情况）。

 评价反馈

（一）自我评价（40分）

由学生根据学习任务的完成情况进行自我评价，将评分值记录于表1-9中。

表1-9 自我评价

学习任务	项目内容	配分	评 分 标 准	扣分	得分
学习任务1.2	1. 学习维保作业前的准备工作	60	1. 没有按规定操作（1个扣10分） 2. 操作不标准（1个扣5分）		
	2. 记录	20	表1-8记录完整，有缺的，每1个扣3~5分		

（续）

学习任务	项目内容	配分	评 分 标 准	扣分	得分
学习 任务1.2	3. 职业规范和 环境保护	20	1. 在工作过程中，工具和器材摆放凌乱（扣3分） 2. 不爱护设备、工具，不节省材料（扣3分） 3. 在工作完成后不清理现场，在工作中产生的废弃物不按规定处置，各扣2分（若将废弃物遗弃在井道内的，扣3分）		

总评分 =（1～3项总分）×40%

签名：_____ _____年____月____日

（二）小组评价（30分）

由同一实训小组的同学结合自评的情况进行互评，将评分值记录于表1-10中。

表1-10 小组评价

项 目 内 容	配　　分	评　　分
1. 实训记录与自我评价情况	30分	
2. 口述电梯维保作业前的准备工作	30分	
3. 相互帮助与协作能力	20分	
4. 安全、质量意识与责任心	20分	

总评分 =（1～4项总分）×30%

参加评价人员签名：_____ _____年____月____日

（三）教师评价（30分）

由指导教师结合自评与互评的结果进行综合评价，并将评价意见与评分值记录于表1-11中。

表1-11 教师评价

教师总体评价意见：	
教师评分（30分）	
总评分 = 自我评分 + 小组评分 + 教师评分	

教师签名：_____ _____年____月____日

 阅读材料

阅读材料1.2 电梯的主要国家标准和规定

1）GB 7588—2003 《电梯制造与安装安全规范》（含第1号修改单）。

2）GB/T 10060—2011 《电梯安装验收规范》。

3）GB 16899—2011 《自动扶梯和自动人行道的制造与安装安全规范》。

4）GB/T 10058—2009 《电梯技术条件》。

5）GB/T 10059—2009 《电梯试验方法》。

6）GB/T 7024—2008 《电梯、自动扶梯、自动人行道术语》。

7）GB/T 30560—2014 《电梯操作装置、信号及附件》。

8）GB/T 12974—2012 《交流电梯电动机通用技术条件》。

9）JG 5071—1996 《液压电梯》。

10）GB 25194—2010 《杂物电梯制造与安装安全规范》。

11）TSG T5002—2017 《电梯维护保养规则》。

12）TSG T7003—2011 《电梯监督检验和定期检验规则——防爆电梯》。

 阅读材料

阅读材料1.3　事故案例分析（一）

案例1：2013年6月21日浙江省湖州市静江公寓电梯急停事故

（一）事故概况

2013年6月21日19时8分左右，浙江省湖州市静江公寓内电梯发生急停事故，造成两人受伤。事发时，该公寓内电梯在运行中从24楼突然下滑至21楼，位于轿厢底部的安全钳意外动作，将轿厢夹持在导轨上，电梯发生意外急停事故，无法继续移动，造成两名乘客被困在轿厢内并遭受不同程度的伤害。事发后，电梯维保单位与物业管理公司共同将两名乘客救出并送往医院进行治疗。

（二）事故原因分析

1）直接原因。事发前，事故电梯的安全钳在上一次动作或实验后，电梯维保人员未对安全钳楔块及时复位，导致安全钳楔块与导轨侧向间隙不一致，最终造成安全钳在电梯没有超速的情况下误动作，将处于正常状态下的电梯突然制停。

2）间接原因

①日立电梯（中国）有限公司杭州工程有限公司在对该台电梯维保时未按有关规定对电梯进行清洁、润滑、检查、调整等。电梯维保单位质量检验人员或管理人员未按有关要求对该台事故电梯的维保质量进行及时检查，电梯维保质量失控，使电梯不能达到安全要求，无法保证电梯正常运行。

②湖州众鑫物业管理有限公司对电梯管理存在"主要的管理人员未持证，持证的电梯安全管理人员不管理"的混乱现象。

③湖州众鑫物业管理有限公司未按有关规定建立以岗位责任制为核心的电梯使用和运行管理制度，未明确相关管理人员的工作职责，未建立电梯安全技术档案，未对电梯维保质量进行有效监督等，电梯安全管理主体责任意识淡薄，电梯使用、管理混乱。

案例 2：2012 年 5 月 9 日江苏连云港钰鑫物业服务有限公司电梯蹾底事故

（一）事故概况

2012 年 5 月 9 日上午 9 时 50 分左右，江苏连云港钰鑫物业服务有限公司祥源国际大厦内，电梯载着 18 名中老年乘客，在层门、轿门未关闭的情况下发生溜车下行，轿厢从 17 楼下行直至蹾底，撞击设置在底坑内的液压缓冲器后停在 1 楼平层位置以下约 500mm 处，轿厢底梁受液压缓冲器冲击严重变形，轿厢内 8 名乘客受伤。

涉事电梯额定载荷为 1000kg（13 人），额定速度为 2.00m/s，20 层 20 站，制造单位为东莞市富士电梯有限公司，并联控制。事故发生时，限速器开关动作，安全钳未动作，控制柜调取的故障代码显示：1205091002/17/23 和 1205091002/10/23，其含义分别为 17 楼、10 楼严重超载或编码超速故障。

（二）事故原因分析

1）电梯制动器制动力不足，致使超载后溜车蹾底，是造成此次事故的直接原因。

2）东莞市富士电梯有限公司作为电梯保修单位，未按照规定进行维护保养，是造成本起事故的主要原因。

3）连云港钰鑫物业服务有限公司作为电梯使用单位，电梯安全管理不到位，是造成事故的次要原因之一。东莞市富士电梯有限公司作为电梯制造单位，未对事故电梯运行情况进行跟踪调查和了解，是造成事故的次要原因之二。新浦区新南社区美特康保健食品经营部未按照承诺履行对中老年顾客的安全管理职责，是造成事故的次要原因之三。

案例 3：2012 年 3 月 4 日浙江义乌市环洋笔业有限公司电梯挤压事故

（一）事故概况

2012 年 3 月 4 日下午 14 时 40 分左右，浙江金华市义南工业园区前案路 65 号，义乌市环洋笔业有限公司内，电梯维保单位杭州市新马电梯有限公司的作业人员在电梯轿顶进行维保作业的过程中，不慎被挤压在对重与支架之间，经抢救无效死亡。

涉事电梯型号为 THJ2000/0.5-JX，额定载重量为 2000kg，速度为 0.50m/s。

（二）事故原因分析

1）作业人员违反电梯维保作业规程，进入电梯轿顶进行维修作业未将检修开关置于"检修"位置，也未将急停开关置于"停止"状态，因电梯返平层运行，将作业人员挤压在对重与支架之间，致其死亡。

2）杭州市新马电梯有限公司对下属电梯维保点管理不力，员工安全意识淡薄，操作人员未经安全培训、无证上岗作业，并且未采取安全防范措施，冒险违章作业。

3）义乌市环洋笔业有限公司电梯管理人员未能认真履行监督职责，对电梯维保安全工作监督不力，未能及时发现并制止无证人员上岗作业。

预防同类事故的措施：

1）电梯维保人员应按照 TSG T5002—2017《电梯维护保养规则》中的有关规定定期对电梯进行维保，防止不符合安全技术规范要求的电梯投入使用。

2）电梯安全保护装置动作后，维保人员应及时对其进行复位，确保在电梯发生突发事件时起到保护的作用。

3）电梯使用单位应履行保证电梯安全运行的主体责任，完善各项安全管理制度和岗位责任制度，监督电梯维保单位的工作状况并检查电梯的安全使用情况。

4）电梯日常维护保养单位应进一步落实特种设备安全生产主体责任，加强对员工的培训和教育，切实提高作业人员安全生产意识和业务素质，杜绝违章作业现象。

 学习任务 1.3　机房的基本操作

基础知识

电梯的机房

（一）电梯机房的配置

电梯的机房一般在井道的顶部，其内部配置如图 1-28 所示。机房内

机房维保

的主要设备有曳引机、限速器、控制柜及其线槽、线管，以及用于救援的设备（如盘车手轮）等。电梯的机房门要加锁，并应设置"机房重地、闲人免进"等警示牌（见图 1-29）。

图 1-28　电梯的机房
1—曳引机　2—盘车手轮　3—控制柜　4—承重梁　5—限速器

图 1-29　机房门口警示牌

（二）电梯的电源

以 YL—777 型教学电梯为例，电梯的动力电源为三相五线 380V/50Hz，照明电源为交

流单相 220V/50Hz，电压允许波动范围为 ±7%。机房内设一个电源箱，一般由 3 个断路器构成，如图 1-30 所示，电源开关负责送电给控制柜，轿厢照明开关和井道照明开关分别控制轿厢和井道照明，另有 36V 安全照明及开关插座。

图 1-30　机房电源箱

1. 电源主开关

每台电梯都必须单独装设一只能切断该电梯所有供电电路的电源开关。该开关应具有切断电梯正常使用情况下最大电流的能力。

2. 三相五线制

我国供电系统过去一般采用中性点直接接地的三相四线制，从安全防护方面考虑，电梯的电气设备应采用接零保护。在中性点接地系统中，当一相接地时，接地电流会变成很大的单相短路电流，保护设备能准确而迅速地动作而切断电路，以保障人身和设备的安全。接零保护的同时，地线还要在规定的地点采取重复接地。重复接地是将地线的一点或多点通过接地体与大地再次连接。在电梯安全供电现实情况中还存在一些问题：有的引入电源为三相四线，到电梯机房后，将中性线与保护地线混合使用；有的用敷设的金属管外皮作中性线使用，这是很危险的，容易造成触电或损害电气设备。因此，应采用三相五线制，如图 1-31 所示，直接将保护地线引入机房。三相分别是 L1、L2、L3；五线是 3 条相线（L1—黄色、L2—绿色、L3—红色）、1 条中性线（N—浅蓝色）、1 条保护接地线（PE—绿-黄双色）。

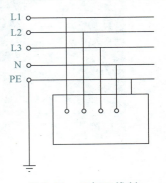

图 1-31　三相五线制

 **工作步骤**

步骤一：实训准备

1）实训前，先由指导教师进行安全与规范操作的教育。

2）按照"学习任务 1.2"的规范要求做好维保前的准备工作。

步骤二：通电运行

开机时，请先确认操纵箱、轿顶电器箱、底坑检修箱的所有开关置于正常位置，并告知其他人员，然后按以下顺序合上各电源开关。

1）合上机房的三相动力电源开关（AC380V）。

2）合上照明电源开关（AC220V、36V）。

3）将控制柜内的断路器开关置于"ON"位置。

步骤三：断电挂牌上锁

1. 侧身断电

操作者站在配电箱侧边，先提醒周围人员避开，然后确认开关位置，伸手拿住开关，偏过头部，眼睛不看开关，然后拉闸断电，如图1-32所示。

2. 确认断电

验证电源是否被完全切断。先用万用表对主电源

图 1-32　侧身拉闸

相与相之间、相与地之间进行检测，确认断电后，再对控制柜中的主电源线进行检测，如图1-33所示。

3. 挂牌上锁

确认完成断电工作后，挂上"维修中"警示牌，将配电箱锁上，如图1-34所示，就可以安全地开展工作了。

图 1-33　确认断电

图 1-34　挂牌上锁

步骤四：记录与讨论

1）将机房基本操作的步骤与要点记录于表1-12中（也可自行设计记录表格）。

表 1-12　机房基本操作记录

步骤1	操作要领	注意事项
步骤2		
步骤3		
步骤4		
步骤5		
步骤6		

2）学生分组讨论。

① 机房基本操作的要领与体会。

② 小组互评（叙述和记录的情况）。

 **相关链接**

机房安全操作注意事项

1）进入机房时，打开机房照明。

2）严禁在曳引机运转的情况下进行维修保养。

3）切记不能用抹布擦拭曳引绳，以免抹布被破损的曳引绳挂住，进而造成人体卷进绳轮或缆绳保护器中的事故。

4）在检修电气设备和线路时，必须在断开电源的情况下进行；如需带电作业，必须按照带电操作安全规程操作；保证接地装置良好。

5）在对带电控制柜进行检验或在其附近作业时，要集中精神，注意安全。

6）对多台电梯共用一间机房的情况，要先确认对应好本次维护保养的电梯。

7）在调整抱闸时，应严格按照说明书的要求进行制动器的维护保养。

8）机房检修时，应确认电梯轿门和所有层门已关闭，且只能让电梯轿厢运行在检修模式下。

9）当需要进行手动盘车时，必须先断开电源。

10）电梯运行时，千万不可对旋转编码器等速度反馈器件进行调整或测试。

11）进行挂牌上锁程序前，必须确定操作者身上无外露的金属件，以防触电。

12）进行上锁、挂牌等操作后，钥匙必须由本人保管，不得交给他人。

13）完成工作后，由上锁本人分别开锁。如果是两个或两个以上的人员同时挂牌上锁，一般由最后开锁的人进行恢复。

 **评价反馈**

（一）自我评价（40 分）

由学生根据学习任务完成情况进行自我评价，将评分值记录于表 1-13 中。

表 1-13　自我评价

学习任务	项目内容	配分	评 分 标 准	扣分	得分
学习 任务 1.3	1. 安全意识	20 分	1. 不按要求穿着工作服、戴安全帽、穿防滑电工鞋（扣 10 分） 2. 没有在基站设置防护栏（扣 2 分） 3. 没有在基站挂警示牌（扣 2 分） 4. 不按安全要求规范使用工具（扣 4 分） 5. 有其他违反安全操作规范的行为（扣 2 分）		
	2. 通电操作	30 分	1. 没有做好操作前的全面检查（扣 5 分） 2. 没有大声告知其他人员准备通电（扣 5 分） 3. 没有侧身合闸（扣 10 分） 4. 没有按顺序操作（扣 10 分）		

（续）

学习任务	项目内容	配分	评分标准	扣分	得分
学习任务1.3	3. 断电操作	40分	1. 没有侧身断电（扣10分） 2. 没有验电（扣10分） 3. 没有上锁（扣10分） 4. 没有挂牌（共计10分）		
	4. 职业规范和环境保护	10分	1. 工作过程中工具和器材摆放凌乱，扣3分 2. 不爱护设备、工具，不节省材料（扣3分） 3. 工作完成后不清理现场，工作中产生的废弃物不按规定处置，各扣2分（若将废弃物遗弃在井道内的可扣3分）		

总评分 =（1~4项总分）×40%

签名：_____　_____年____月____日

（二）小组评价（30分）

由同一实训小组的同学结合自评的情况进行互评，将评分值记录于表1-14中。

表1-14　小组评价

项目内容	配分	评分
1. 实训记录与自我评价情况	30分	
2. 相互帮助与协作能力	30分	
3. 安全、质量意识与责任心	40分	

总评分 =（1~3项总分）×30%

参加评价人员签名：_____　_____年____月____日

（三）教师评价（30分）

由指导教师结合自评与互评的结果进行综合评价，并将评价意见与评分值记录于表1-15中。

表1-15　教师评价

教师总体评价意见：

教师评分（30分）	
总评分 = 自我评分 + 小组评分 + 教师评分	

教师签名：_____　_____年____月____日

学习任务1.4　盘　　车

基础知识

一、电梯的救援装置

电梯因突然停电或发生故障而停止运行，若轿厢停在层距较大的两层之间或蹾底、冲顶

时，乘客就会被困在轿厢中。为了救援乘客，电梯均应设有紧急救援装置，该装置可使轿厢慢速移动，以达到救援被困乘客的目的。

紧急救援装置有电动与手动两种，以及紧急开锁装置。

1. 电动紧急救援装置

当移动额定载重量的轿厢所需的操作力大于 400N 时，通常采用电动紧急救援装置。电动紧急救援装置在机房中，与机房检修装置结构功能类似，靠持续按压按钮来控制，如图 1-35a 所示。与机房检修装置的主要区别是检修运行操作是在安全回路正常的条件下进行。

a) 电动紧急救援装置　　　　b) 手动紧急救援装置　　　　c) 人工紧急开锁装置

图 1-35　紧急救援装置

2. 手动紧急救援装置

当移动额定载重量的轿厢所需的操作力不大于 400N 时，通常采用手动紧急救援装置。手动紧急救援包括人工松闸和盘车两个相互配合的操作，所以救援装置也包括人工松闸的装置（松闸扳手）和手动盘车的装置（盘车手轮），如图 1-35b 所示。一般盘车手轮应漆成黄色，松闸板手应漆成红色，挂在附近的墙上，紧急需要时可随手拿到。

3. 紧急开锁装置

为了在必要（如救援）时能从层站外打开层门，规定每个层门都应设置人工紧急开锁装置。工作人员可用三角形的专用钥匙将门锁打开，如图 1-35c 所示。在无需开锁时，开锁装置应自动复位，不能保持开锁状态。

二、平层标记

为使操作人员操作时知道轿厢的位置，机房内必须有层站指示。最简单的方法就是在曳引钢丝绳上用油漆做标记，同时将标记对应的层站写在机房操作地点的附近。电梯从第一站到最后一站，每个楼层用二进制表示，在机房曳引钢丝绳上用红漆或者黄漆表示出来，这就是平层标记，如图 1-36a 所示；同时要在机房张贴平层标记说明，如图 1-36b 所示。

钢丝绳标志查看方法：从靠近"平层区域"字样的曳引钢丝绳开始，按 1、2、3、…依次排序，根据 8421 码的编码规则确定电梯的楼层数（8421 码的编码原则是左起第一位是 1、第二位是 2、第三位是 4、第四位是 8）。确定楼层数时，只要将每位所代表的数值相加，得到的数值就是楼层数。例如，如果只有第一根涂有油漆，由于第一位表示 1 则表示电梯在

a) 平层标记

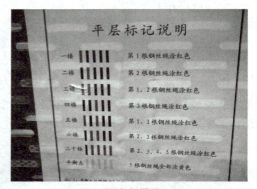
b) 平层标记说明

图1-36 平层标记

1F；只有第二根涂有油漆，第二位表示是2，则表示电梯在2F；第一根和第二根都涂有油漆，则是1＋2＝3，表示电梯在3F；第一根和第三根则是1＋4＝5，电梯在5F；第一、二、三根都有油漆则是1＋2＋4＝7，电梯在7F。依次计算便可以得出楼层实际位置。

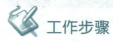 **工作步骤**

步骤一：实训准备

1）实训前，先由指导教师进行安全与规范操作的教育。

2）按照"学习任务1.2"的规范要求做好维保前的准备工作。

步骤二：盘车操作步骤

1. 切断电源

切断主电源并上锁挂牌（见图1-37），保留照明电源，告知轿厢内人员。

a) 切断主电源

b) 上锁挂牌

图1-37 切断电源

2. 松闸盘车

确定轿厢位置和盘车方向（是否超过最近的楼层平层位置0.3m，当超过时须松闸盘车）。方法一：查看平层标记；方法二：在被困楼层用钥匙稍微打开层门确认。

3. 电梯轿厢与平层位置相差超过0.3m

1）维修人员应迅速赶往机房，断开电梯总电源，根据平层标记判断电梯轿厢所处的楼层。

2）用工具取下盘车手轮开关盖（见图1-38a），取下挂在附近的盘车手轮和松闸扳手（见图1-38b、图1-38c）。

a) 取下盘车手轮开关盖　　　　b) 取下盘车手轮　　　　c) 取下松闸扳手

图1-38　取下盘车工具

3）一人安装盘车手轮（见图1-39a），将盘车手轮上的小齿轮与曳引机的大齿轮啮合。在确认盘车手轮上的小齿轮与曳引机的大齿轮啮合后，另一人用松闸扳手对抱闸施加均匀压力，使制动器张开。操作时，应两人配合口令，（松、停）断续操作，使轿厢慢慢移动，直到轿厢到达最近楼层平层（盘车之前，应告知乘客电梯正在抢修中，电梯将会多次移动），盘车操作如图1-39b所示。

a) 安装盘车手轮　　　　　　　　b) 两人配合盘车

图1-39　盘车操作

> **注意**：盘车操作人员在盘车过程中绝对不能两手同时离开盘车手轮，同时两脚应站稳。

4）用层门开锁钥匙打开电梯层门和轿门（可参见图1-35c），并引导乘客有序地离开轿厢。

5）重新关好层门和轿门。

6）电梯没有排除故障前，应在各层门处设置"禁用电梯"的指示牌。

4. 电梯轿厢与平层位置相差0.3m以内

当电梯轿厢与平层位置相差0.3m以内时，进行上述4）~6）步的操作。

5. 恢复

当所有乘客撤离后，必须把层门和轿门重新关闭，在机房将松闸扳手、盘车手轮放回原位，将钥匙交回原处并登记。

步骤三：记录与讨论

1）将盘车基本操作的步骤与要点记录于表1-16中（也可自行设计记录表格）。

表1-16　盘车操作记录

步骤1	操 作 要 领	注 意 事 项
步骤2		
步骤3		
步骤4		
步骤5		
步骤6		
步骤7		
步骤8		
步骤9		
步骤10		

2）学生分组（可按盘车时的配对以两人为一组）讨论。

① 盘车操作的要领与体会。

② 小组互评（叙述和记录的情况）。

 **相关链接**

盘车操作注意事项

1）确保层门、轿门关闭，切断主电源开关。通知轿厢内人员不要靠近轿门，注意安全。

2）盘车时，至少两人配合作业，一人盘车，一人松闸，通过观察曳引钢丝绳上的平层标记识别轿厢是否处于平层位置。

3）用层门钥匙开启层门时，打开的宽度应在10cm以内，向内观察，证实轿厢在该楼层，检查轿厢地坎与楼层地面的上下间距。确认上下间距不超过0.3m时，才可打开轿厢解救被困的乘客。

4）待电梯故障处理完毕，试车正常后，才可恢复电梯运行。

任务评价

（一）自我评价（40分）

由学生根据学习任务完成情况进行自我评价，将评分值记录于表1-17中。

表 1-17　自我评价

学习任务	项目内容	配分	评分标准	扣分	得分
学习任务 1.4	1. 安全意识	10 分	1. 不按要求穿着工作服、戴安全帽、穿防滑电工鞋（扣 1~2 分） 2. 没有在基站设立防护栏和警示牌（扣 2 分） 3. 不按要求进行带电或断电作业（扣 1~2 分） 4. 不按安全要求规范使用工具（扣 1~2 分） 5. 其他违反安全操作规范的行为（扣 1~2 分）		
	2. 盘车救人的基本操作	60 分	1. 没有及时安抚被困乘客（扣 5 分） 2. 没有断电后挂牌上锁（扣 5 分） 3. 轿厢位置和盘车方向判断有误（扣 10 分） 4. 判断电梯在平层区后停止盘车，没有把救援装置放回原处（扣 10 分） 5. 没有用专用工具开门（扣 10 分） 6. 人员救出后没有及时关好层门和轿门（扣 10 分） 7. 恢复电梯确认是否正常（扣 10 分）		
	3. 盘车的姿势	20 分	1. 盘车松闸时两脚没有站稳（6 分） 2. 盘车时两手离开盘车手轮（扣 8 分） 3. 盘车口号，配合不默契（扣 6 分）		
	4. 职业规范和环境保护	10 分	1. 工作过程中工具和器材摆放凌乱（扣 1~2 分） 2. 不爱护设备、工具，不节省材料（扣 1~2 分） 3. 工作完成后不清理现场，工作中产生的废弃物不按规定处置，各扣 1~2 分		

总评分 = （1~4 项总分）×40%

签名：_____　_____年____月____日

（二）小组评价（30 分）

由同一实训小组的同学结合自评的情况进行互评，将评分值记录于表 1-18 中。

表 1-18　小组评价

项目内容	配　　分	评　　分
1. 实训记录与自我评价情况	30 分	
2. 相互帮助与协作能力	30 分	
3. 安全、质量意识与责任心	40 分	
总评分 = （1~3 项总分）×30%		

参加评价人员签名：_____　_____年____月____日

（三）教师评价（30 分）

由指导教师结合自评与互评的结果进行综合评价，并将评价意见与评分值记录于表 1-19 中。

表1-19 教师评价

教师总体评价意见：

教师评分（30分）	
总评分 = 自我评分 + 小组评分 + 教师评分	

教师签名：＿＿＿＿＿＿＿ ＿＿＿＿＿年＿＿＿月＿＿＿日

 学习任务 1.5　进 出 轿 顶

 基础知识

轿顶环境检查
的方法和要求

电梯的轿顶及其相关装置

1. 轿顶

轿顶结构如图 1-40 所示。由于安装、检修和营救的需要，轿顶有时需要站人。我国有关技术标准规定，轿顶要能承受三个携带工具的检修人员（每人以 100kg 计）的重量，其弯曲挠度应不大于跨度的 1/1000。

此外，轿顶上应有一块不小于 0.12m² 的净面积用于站人，其小边长度至少应为 0.25m。轿顶还应设置排气风扇以及检修开关、急停开关和电源插座，以供检修人员在轿顶上工作的需要。轿顶靠近对重的一面应设置防护栏杆，其高度应不超过轿厢的高度。

2. 急停开关

急停开关是一种能断开控制电路使电梯轿厢停止运行的按钮，如图 1-41 所示。当遇到紧急情况，或在轿顶、底坑、机房等处检修电梯时，按下急停开关，切断控制电源，以保证安全。急停按钮通常为红色，应有明显的标志，旁边标以"停止""复位"的字样。

图 1-40 轿顶结构

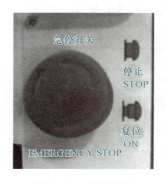

图 1-41 急停开关

急停开关分别设置在轿顶操纵盒上、底坑内和机房控制柜壁上及滑轮间。有的电梯轿厢操作盘（箱）上也设有此开关。

轿顶的急停开关应面向轿门，离轿门距离不大于1m。底坑的急停开关应安装在进入底坑可立即触及的地方。当底坑较深时，可以在下底坑的梯子旁和底坑下部各设一个串联的急停按钮，在开始下底坑时即可将上部的急停开关打在停止的位置，到底坑后也可用操作装置消除停止状态或重新将开关置于停止位置。

3. 轿顶检修运行装置

为了便于检修和维护，应在轿顶装一个易于接近的检修运行装置，如图1-42所示。检修运行装置包括一个检修转换开关（后文简称为检修开关）、操纵运行的方向按钮和急停开关。检修开关应是符合电气安全触点要求的双稳态开关，有防误操作的措施，开关的"检修"和"正常"运行位置应有标识。

操纵运行的方向按钮应有防误动作的保护措施，并标明方向。为防误动作，轿顶检修运行装置设三个按钮，分别为"上行""下行""公共"。操纵运行的方向按钮必须与中间的"公共"按钮同时按下才有效。

图 1-42　轿顶检修运行装置

当轿顶以外的部位如机房、轿厢内也有检修运行装置时，必须保证轿顶的检修开关优先，即当轿顶检修开关处于"检修"运行位置时，其他地方的检修运行装置全部失效。

检修运行时，依靠持续按压方向按钮操纵，轿厢的运行速度不得超过0.63m/s。

 工作步骤

步骤一：实训准备

1）实训前，先由指导教师进行安全与规范操作的教育。

2）按照"学习任务1.2"的规范要求做好维保前的准备工作（见图1-43）。

图 1-43　放置警戒线护栏和安全警示牌

步骤二：进入轿顶

1）按电梯外呼按钮将电梯呼到要上轿顶的楼层，如图1-44所示。然后在轿厢内按下一层的按钮，将电梯停到下一层或便于上轿顶的位置（当楼层较高时），如图1-45所示。

2）当电梯运行到适合进出轿顶的位置时，用层门钥匙打开层门，在约100mm处放置顶门器，如图1-46所示。按外呼按钮等候10s，测试层门门锁是否有效，如图1-47所示。

图1-44 按电梯外呼按钮

图1-45 内选下一层

图1-46 放置顶门器

图1-47 按外呼按钮

3）操作者重新打开层门，放置顶门器，如图1-48所示。站在层门地坎处，侧身按下急停开关，如图1-49所示，打开轿顶照明灯，如图1-50所示。取出顶门器，关闭层门，按外呼按钮等候10s，测试急停开关是否有效。

图1-48 放置顶门器

图1-49 侧身按下急停开关

4）打开层门，放置顶门器，将检修开关拨至"检修"位置，如图1-51所示。然后将急停开关复位，取下顶门器，关闭层门，按外呼按钮，如图1-52所示，测试检修开关是否有效。

图1-50 打开轿顶照明灯

图1-51 将检修开关拨至"检修"位置

5）打开层门，放置顶门器，按下急停开关，进入轿顶。站在轿顶安全、稳固、便于操作检修开关的地方，将安全绳挂置锁钩处，并拧紧。取出顶门器，关闭层门。

6）站在轿顶上，将急停开关复位，首先，单独操作"上行"按钮，如图1-53所示。观察轿厢移动状况，如无移动则同时按"公共"按钮和"上行"按钮，如图1-54所示，电梯上行，验证完毕。

图1-52 按外呼按钮验证检修

图1-53 按"上行"按钮

7）再单独按"下行"按钮，如图1-55所示。观察轿厢移动状况，如无移动则同时按"公共"按钮和"下行"按钮，如图1-56所示，电梯下行，验证完毕。

图1-54 同时按"公共"按钮和"上行"按钮

图1-55 按"下行"按钮

图1-56　按"公共"按钮和"下行"按钮

8）将电梯运行至合适位置，按下急停开关，开始轿顶工作。

步骤三：退出轿顶

1. 同一楼层退出轿顶

1）在检修状态下将电梯运行至要退出轿顶的合适位置，按下急停开关。

2）打开层门，退出轿顶，用顶门器顶住层门。

3）站在层门口，将轿顶的检修开关复位。

4）关闭轿顶照明开关。

5）将轿顶急停开关复位。

6）取出层门顶门器，关闭层门，确认电梯正常运行，移走警戒线护栏和安全警示牌。

2. 不在同一楼层退出轿顶

1）将电梯运行至要退出轿顶楼层的合适位置，按下急停开关。

2）打开层门，放置顶门器。

3）将轿顶急停开关复位。

4）先同时按下"公共"按钮和"下行"按钮，然后同时按下"公共"按钮和"上行"按钮，确认门锁回路的有效性。

5）验证完毕，按下急停开关控制电梯。

6）打开层门，退出轿顶，用顶门器顶住层门。

7）站在层门口，将轿顶的检修开关复位。

8）关闭轿顶照明开关。

9）将轿顶急停开关复位。

10）取出层门顶门器，关闭层门，确认电梯正常运行，移走警戒线护栏和安全警示牌。

步骤四：记录与讨论

1）将进出轿顶操作的步骤与要点记录于表1-20中（也可自行设计记录表格）。

表1-20　进出轿顶操作记录

	操 作 要 领	注 意 事 项
步骤1		
步骤2		
步骤3		
步骤4		

（续）

	操 作 要 领	注 意 事 项
步骤 5		
步骤 6		
步骤 7		
步骤 8		
步骤 9		
步骤 10		
步骤 11		

2）学生分组讨论。

① 进出轿顶操作的要领与体会。

② 小组互评（叙述和记录的情况）。

🔑 相关链接

轿顶安全操作注意事项

1）非维修人员严禁进入轿顶。在打开层门进入轿顶前，必须看清轿厢所处的位置，看清周围环境，保证层门处没有闲杂人员。确保安全后，方可进入轿顶。进入轿顶后，应立即关闭层门，防止他人进入。

2）尽量在最高层站进入轿顶，如果作业情况要求，则可以利用井道。

3）进入轿顶时，首先应按下轿顶检修盒上的急停按钮，使电梯无法运行，再将检修开关置于"检修"状态。

4）在轿顶维修的人员一般不得超过三人，并应有专人负责操纵电梯的运行。检修起动电梯前，应提醒所有在轿顶上的人员注意安全，并检查无问题后，方可以检修速度运行。行驶时，轿顶上的人员不准将身体的任何部位探出防护栏。

5）在轿顶上进行检修时应特别注意安全，集中精力注意站好扶稳，不可跨步作业。在进行各种操作时，应按下轿顶急停按钮并将检修开关置于"检修"状态，使轿厢无法运行。

6）严禁在轿顶上吸烟。

7）禁止用手去抓扶曳引钢丝绳或电缆。

8）严禁一脚踩在轿顶，另一脚踏在井道或其他固定物上作业。严禁站在井道外探身到轿顶上作业。

9）在轿顶进行检修时，切忌靠近或挤压防护栏，并应注意对重与轿厢的间距，身体任何部位切勿伸出防护栏，且应确保轿顶防护栏牢固可靠。

10）对于多梯井道，要注意所检验轿厢井道的边界。在轿顶之外有各种潜在的危险，如分隔梁、对重框、隔磁板及井道开关。

11）离开轿顶时，应将轿顶操作盒上各功能开关复位，然后从层门外将前面的各个开关按相反顺序复位。轿顶上不允许存放物品备件、工器具和杂物。在确保层门关好后方可离去。

评价反馈

（一）自我评价（40 分）

由学生根据学习任务完成情况进行自我评价，将评分值记录于表 1-21 中。

表 1-21　自我评价

学习任务	项目内容	配分	评分标准	扣分	得分
学习任务 1.5	1. 安全意识	10 分	1. 不按要求穿着工作服、戴安全帽、安全带、穿防滑电工鞋（扣 5 分） 2. 未能在工作现场正确设立护栏或警示牌（扣 1 分） 3. 不按要求进行带电或断电作业（扣 1 ~ 2 分） 4. 在电梯底坑有人时对轿厢进行移动操作或进入轿顶（扣 1 分） 5. 不按安全要求规范使用工具（扣 1 ~ 2 分） 6. 其他的违反安全操作规范的行为（扣 1 ~ 2 分）		
	2. 进入轿顶	50 分	1. 轿厢没有停在合适的位置。（扣 10 分） 2. 三角钥匙使用不正确。（扣 10 分） 3. 没有验证层门回路。（扣 10 分） 4. 没有验证急停回路。（扣 10 分） 5. 没有验证检修回路。（扣 10 分）		
	3. 退出轿顶	30 分	1. 没有将电梯运行至易于出轿顶的位置（扣 10 分） 2. 不在同一层，没有验证层门回路（扣 10 分） 3. 急停开关未复位；检修开关未拨至正常位置；轿顶照明未关闭（扣 10 分）		
	4. 职业规范和环境保护	10 分	1. 工作过程中工具和器材摆放凌乱（扣 1 ~ 2 分） 2. 不爱护设备、工具，不节省材料（扣 1 ~ 2 分） 3. 工作完成后不清理现场，工作中产生的废弃物不按规定处置，各扣 1 ~ 2 分（若将废弃物遗弃在轿顶和井道内的可扣 4 分）		

总评分 =（1 ~ 4 项总分）×40%

签名：_____　_____年____月____日

（二）小组评价（30 分）

由同一实训小组的同学结合自评的情况进行互评，将评分值记录于表 1-22 中。

表 1-22　小组评价

项目内容	配　分	评　分
1. 实训记录与自我评价情况	30 分	
2. 相互帮助与协作能力	30 分	
3. 安全、质量意识与责任心	40 分	
总评分 =（1 ~ 3 项总分）×30%		

参加评价人员签名：_____　_____年____月____日

（三）教师评价（30分）

由指导教师结合自评与互评的结果进行综合评价，并将评价意见与评分值记录于表1-23中。

表 1-23 教师评价

教师总体评价意见：	
教师评分（30分）	
总评分＝自我评分＋小组评分＋教师评分	

教师签名：_____ _____年____月____日

学习任务1.6 进出底坑

基础知识

电梯的底坑

1. 底坑的结构组成

底坑在井道的底部，是电梯最低层站下面的环绕部分，如图1-57所示。底坑里有导轨底座、轿厢和对重所用的缓冲器、限速器张紧装置和急停开关盒等。

2. 底坑的土建要求

1）井道下部应设置底坑，除缓冲器座、导轨底座以及排水装置外，底坑的底部应光滑平整，不得渗水，底坑不得作为积水坑使用。

2）如果底坑深度大于2.5m且建筑物的布置允许，应设置底坑进口门，该门应符合检修门的要求。

3）如果没有其他通道，为了便于检修人员安全地进入底坑地面，应在底坑内设置一个从层门进入底坑的永久性装置，此装置不得凸入电梯运行的空间。

底坑环境检查的方法和要求

图 1-57 底坑的组成

4）当轿厢完全压在缓冲器上时，底坑还应有足够的空间能放进一个不小于0.5m×0.6m×1.0m的矩形体。

5）底坑底与轿厢最低部分之间的净空距离应不小于0.5m。

6）底坑内应有电梯停止开关，该开关一般安装在底坑入口处，当工作人员打开门进入底坑时，应能够立即接触到。

7）底坑内应设置一个电源插座。

3. 在底坑维修时应注意的安全事项

1）首先，按下电梯的底坑急停按钮或切断动力电源，才能进入底坑工作。

2）进底坑时要使用梯子，不准踩踏缓冲器进入底坑，进入底坑后找安全的位置站好。

3）在底坑进行维修时严禁吸烟。

4）需运行电梯时，在底坑的维修人员一定要注意所处的位置是否安全。

5）底坑里必须设有低压照明灯，且亮度要足够。

6）有维修人员在底坑工作时，绝不允许机房、轿顶等处同时进行检修工作，以防意外事故的发生。

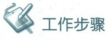 **工作步骤**

步骤一：实训准备

1）实训前，先由指导教师进行安全与规范操作的教育。

2）按照"学习任务1.2"的规范要求做好维保前的准备工作。

步骤二：进入底坑

1）按外呼按钮，将轿厢召唤至此层。

2）在轿厢内按上一层指令。

3）等待电梯运行到合适位置。用层门钥匙打开层门100mm处，放置顶门器，按外呼按钮等候10s，如图1-58所示，测试层门门锁是否有效。（若轿厢在平层位置，应确认电梯轿门和相应层门处于关闭状态。）

4）打开层门，放置顶门器，侧身保持平衡，按上急停开关，如图1-59所示。取走顶门器，关闭层门，按外呼按钮等候10s，测试上急停开关是否有效。

5）打开层门，放置顶门器，进入底坑，打开照明灯，如图1-60所示。按下急停开关，再出底坑。在层门外将下急停开关复位，取走顶门器，关闭层门，按外呼按钮，测试下急停开是否有效。

图 1-58 按外呼按钮

图 1-59 侧身伸手按急停开关

图 1-60 打开底坑照明灯

6）打开层门，放置顶门器，按上急停开关，进入底坑。打开层门 100mm 处，放置顶门器顶住层门，开始工作。

步骤三：退出底坑

1）完全打开层门，并用顶门器顶住。

2）将下急停开关复位，关闭照明灯，出底坑。

3）在层门地坎处，将上急停开关复位。

4）取走顶门器，关闭层门。

5）试运行确认电梯恢复正常后，清理现场，移开安全警示牌。

步骤四：记录与讨论

1）将进出底坑操作的步骤与要点记录于表 1-24 中（也可自行设计记录表格）。

表 1-24　进出底坑操作记录

	操 作 要 领	注 意 事 项
步骤 1		
步骤 2		
步骤 3		
步骤 4		
步骤 5		
步骤 6		
步骤 7		
步骤 8		
步骤 9		

2）学生分组讨论。

① 进出底坑操作的要领与体会。

② 小组互评（叙述和记录的情况）。

相关链接

底坑安全操作注意事项

1）准备好必备的工具，如层门钥匙、手电筒等。

2）进入底坑时，应先切断底坑急停开关，打开底坑照明灯，再下到底坑工作。

3）下底坑时要使用梯子。要求梯子坚固，放置合理、平稳。严禁在底坑里吸烟。

4）当在底坑工作需要开车时，维修人员一定注意所处的位置是否安全，防止被随线、平衡链兜住，或者发生其他意外事故。

5）底坑里必须有低压照明灯，且亮度足满足工作要求。

6）在底坑工作时，应注意周围环境，防止被底坑中的装置碰伤。

7）在底坑工作时，绝不允许机房、轿顶等处同时进行检修，以防止意外事故的发生。

8）注意保持底坑的卫生与清洁。

 **任务评价**

（一）自我评价（40分）

由学生根据学习任务完成情况进行自我评价，将评分值记录于表1-25中。

表1-25　自我评价

学习任务	项目内容	配分	评分标准	扣分	得分
学习任务1.6	1. 安全意识	20分	1. 不按要求穿着工作服、戴安全帽、穿防滑电工鞋（扣10分） 2. 未能在工作现场正确设立护栏或警示牌（扣2分） 3. 不按要求进行带电或断电作业（扣2分） 4. 在电梯底坑有人时对轿厢进行移动操作或进入轿顶（扣2分） 5. 不按安全要求规范使用工具（扣2分） 6. 其他违反安全操作规范的行为（扣2分）		
	2. 进入底坑	50分	1. 操作时头和身体越过层门（扣20分） 2. 未正确使用顶门器（扣10分） 3. 没有验证层门门锁（扣10分） 4. 没有验证上急停回路（扣10分） 5. 没有验证下急停回路（扣10分）		
	3. 退出底坑	20分	1. 没有将急停开关复位；底坑照明关闭（扣10分） 2. 工作结束后，没有使电梯恢复工作（扣10分）		
	4. 职业规范和环境保护	10分	1. 工作过程中工具和器材摆放凌乱（扣1~2分） 2. 不爱护设备、工具，不节省材料（扣1~2分） 3. 工作完成后不清理现场，工作中产生的废弃物不按规定处置，各扣1~2分（若将废弃物遗弃在井道内的可扣4分）		

总评分＝（1~4项总分）×40%

签名：_____　_____年____月____日

（二）小组评价（30分）

由同一实训小组的同学结合自评的情况进行互评，将评分值记录于表1-26中。

表1-26　小组评价

项 目 内 容	配　　分	评　　分
1. 实训记录与自我评价情况	30分	
2. 相互帮助与协作能力	30分	
3. 安全、质量意识与责任心	40分	

总评分＝（1~3项总分）×30%

参加评价人员签名：_____　_____年____月____日

（三）教师评价（30 分）

由指导教师结合自评与互评的结果进行综合评价，并将评价意见与评分值记录于表 1-27 中。

表 1-27 教师评价

教师总体评价意见：	
	教师评分（30 分）	
总评分 = 自我评分 + 小组评分 + 教师评分	

教师签名：_____ _____年___月___日

学习任务 1.7 电梯维修保养常用工具的使用

基础知识

电梯维保常用工具简介

从事电梯维修保养工作常用的工具、仪表见表 1-28（供参考），在此仅对主要常用工具的使用方法进行简单介绍。

电梯维保专用
工具介绍

表 1-28 电梯维修保养常用工具、仪表

序号	名 称	型号/规格	数 量	备 注
1	焊机	380V，11kW	1 台	
2	手提钻	可调速	1 台	可钻 Φ13 孔
3	冲击钻	多功能电锤	1 个	可钻 Φ22 孔
4	大线压线钳	DT-38	1 个	大线直径 > 16in（1in = 25.4mm）使用
5	压线钳	HD-16L	1 个	
6	压线钳	HT-301	1 个	
7	钢丝钳	175mm	1 个	
8	斜口钳	160mm	1 个	
9	卷尺	3.5m、5m	各 2 个	
10	直角尺	300mm	2 个	
11	直尺	150mm、300mm	各 2 个	
12	塞尺	0.02 ~ 1mm	2 个	
13	校轨尺	夹持厚度 20mm（可调）	2 套	
14	导轨卡板	8K、13K	各 2 个	
15	水平尺	600mm	2 个	
16	薄板开孔器	3/4in，1in，3/2in，5/2in	1 套	

（续）

序号	名　称	型号/规格	数　量	备　注
17	电烙铁	75W	1 个	
18	手拉葫芦	2t、3t、5t	各 1 个	带防脱钩装置
19	导轨刨	细齿	1 个	
20	轿厢安装夹具	8K、13K	各 1 套	
21	常用电工工具		1 套	包括：试电笔、各种规格的（一字和十字）螺钉旋具、电工刀、平口电工钳、尖嘴钳、剥线钳、小剪刀等
22	梅花扳手	套	1 个	
23	套筒扳手	套	1 个	
24	活扳手	300×1　360×1	各 2 个	
25	呆扳手	套	1 个	
26	墙纸刀	18mm 刀片	1 个	
27	钢锯架	300mm	1 个	可调节式
28	钢锯条	300mm	1 捆	
29	锉刀	平、圆	各 1 个	
30	铁锤	0.5kg、1kg	各 2 个	
31	橡皮锤		1 个	
32	弯管器	6-8-10mm	1 个	
33	线坠	3m、5m	各 2 个	
34	凿子	20mm	1 个	凿墙（洞）用
35	抹子	200mm×120mm×0.7mm	1 个	抹水泥砂浆
36	吊线锤	10kg	10 个	放样线用
37	棉纱线	20m		弹线或吊线坠
38	铁丝或钢丝	0.71mm	2 捆	放线用
39	钻头	2.4mm、3.2mm、5mm、8mm、10mm	各 2 个	
40	冲击钻头	6mm、8mm、10mm、18mm、22mm	各 2 个	
41	手提砂轮机	Φ120×5mm	1 个	
42	索具套环	0.6cm、0.8cm	10 个	
43	索具卸扣	0.6cm、0.8cm	10 个	
44	钢丝绳扎头	y4-12　y5-15	10 个	
45	起重滑轮（闭口）	2T	2 个	带防脱钩装置
46	卷扬机	额定提升重量 200kg	1 个	
47	油压千斤顶	5T	1 个	
48	麻绳	Φ18mm	30m	
49	万用表	指针式 MF-47 型或数字式 DT-830 型	1 个	

（续）

序号	名　称	型号/规格	数　量	备　注
50	绝缘电阻表	ZC11-8 型，500V、0～100MΩ	1 个	
51	钳形电流表	MG-27 型，0-10-50-250A、0-300-600V、0～300Ω		
52	操作面板		1 个	
53	拉力计		1 个	
54	行灯变压器	220V/36V，1000V·A	2 个	
55	行灯	36V	3 个	
56	手电筒	充电式	2 个	
57	铁剪	碳钢	1 个	
58	电源拖板插座	4 插位	2 个	
59	毛刷		2 个	
60	工具箱		2 个	

（一）万用表

1. 数字式万用表的基本结构

万用表主要用于测量电阻，直流电流和交、直流电压，有的还可以测量晶体管的放大倍数、频率和电容等。万用表主要有指针式和数字式两类，数字式万用表使用起来更加方便、灵活，测量结果准确易读，在此仅介绍数字式万用表。

数字式万用表主要由表头、测量表笔和量程挡位转换开关三个部分组成，如图 1-61 所示。

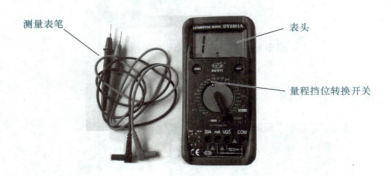

图 1-61　数字式万用表的结构

（1）表头

数字式万用表的表头包括液晶显示屏、电源开关和屏幕锁定开关，屏幕锁定开关可对显示的测量数据进行锁定，如图 1-62 所示。

（2）量程挡位转换开关

量程挡位转换开关各部分对应的功能如图 1-63 所示，当对不同的参数进行测量时，量程挡位转换开关的旋钮需要打到相应的位置。

电源开关　　　　　　　　屏幕锁定

图1-62　电源开关和屏幕锁定键

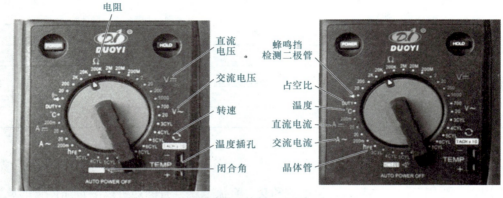

图1-63　数字式万用表的量程挡位

2. 使用方法

（1）测量电压（见图1-64）

先区分交、直流电，六个挡位上的数字代表这六个挡位所能测量的最大电压值。

注意：电压的测量是将万用表与被测电路并联；表笔用法：红表笔插入标有"V"的插孔中。

$1kV=1\times10^3V$

$1V=1\times10^3mV$

图1-64　测量电压

1）测量之前，将量程挡位转换开关的旋钮打到电压测量挡，将红、黑表笔插入相应的插孔内。

2）将红、黑表笔分别接在被测设备两端，万用表与被测量电路并联。

3）估算被测电压的大小，选择相应的挡位（若无法确定，应从大挡位调到小挡位）。

（2）测量电流（见图1-65）

1）测量之前，将量程挡位转换开关的旋钮打到电流测量挡，将红、黑表笔插入相应的插孔内。

2）将红、黑表笔分别接在被测设备两端，万用表与被测量电路串联。

3）估算被测电流的大小，选择相应的挡位（若无法确定，应从大挡位调到小挡位）。

先区分交、直流电，四个挡位上的数字代表这四个挡位所能流过的最大电流值。
注意：电流的测量是将万用表串入被测电路；
表笔用法：红表笔根据估计电流大小插入标有"mA"或"A"的插孔中。
$1A=1\times10^3mA$

图1-65　测量电流

（3）测量电阻（见图1-66）

1）测量之前，将量程挡位转换开关的旋钮打到电阻测量挡，将红、黑表笔插入相应的插孔内。

2）将红、黑表笔分别接在被测设备两端，万用表与被测量元件并联。

3）估算被测电阻的大小，选择相应的挡位。

将设备断电后测量，当测量受到其他设备影响时，应脱离电路测量。

这七个挡位是电阻测量挡位，上面标识的是各挡位所能测量的最大值。
可用来测量导线的通断，电阻值的大小，当用某个挡位测电阻时，如果显示为"1"，表示所选的挡位小了，也就是说超量程了，这时需要换一个高一级的挡位来测量。
注意：测量电阻时，应将电路断电，并在常温下测量。
表笔用法：红表笔插入标有"Ω"的插孔中。
$1M\Omega=1\times10^3k\Omega$

图1-66　测量电阻

（二）试电笔

试电笔也称为测电笔，简称"电笔"，用来检测电路是否带电。笔体中有一氖管，测试时，如果氖管发光，说明导线有电或为通路的相线。试电笔中笔尖、笔尾由金属材料制成，笔杆由绝缘材料制成，如图 1-67a 所示。

 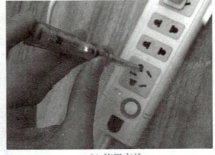

a) 实物 b) 使用方法

图 1-67 试电笔

正确使用试电笔的姿势应该是食指顶住笔帽端，大拇指、中指、无名指捏住试电笔（见图 1-67b）。这样，带电体、试电笔、人体与大地之间形成回路，当带电体通电时，试电笔中的氖管便会发光；当带电体未通电时，试电笔中的氖管则不发光。

使用试电笔时应注意：

1）每次使用前，应先在确认有电的带电体上检验其能否正常验电，以免因氖管损坏而造成误判，从而危及人身或设备安全。

2）手不要接触笔头的金属裸露部分，以免触电。

3）观察时，应将氖管窗口背光，并应面向操作者。

4）螺钉旋具式试电笔可以作为旋具使用，但注意不要用力过大，以免损坏试电笔。

（三）钳形电流表

钳形电流表简称为钳表或卡表，其工作部分主要由一只电磁系电流表和穿心式电流互感器组成。穿心式电流互感器铁心制成活动开口，且成钳形，故名钳形电流表，如图 1-68a 所示。它是一种无需断开电路就可直接测量电路交流电流的携带式仪表。

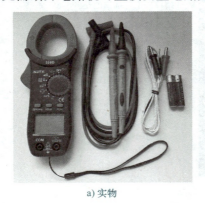 

a) 实物 b) 使用方法

图 1-68 钳形电流表

用钳形电流表是一种利用互感器原理测量交流电流的仪表。用钳形电流表测量交流电流虽然准确度不高，但可以不用断开被测电路，使用十分方便。测量时，先将量程转换开关置于比预测电流略大的量程上，然后手握胶木手柄扳动铁心开关使钳口张开，将被测的导线放入钳口中，并松开开关使铁心闭合，便可读出被测导线中的电流值，如图1-68b所示。

使用钳形电流表测量时应注意：

1）使用前，应检查钳形电流表的外观是否完好，绝缘有无破损，钳口铁心的表面有无污垢和锈蚀。

2）为使读数准确，钳口铁心两表面应紧密闭合。如铁心有杂声，可将钳口重新开合一次；如仍有杂声，就要将钳口铁心两表面上的污垢擦拭干净再测量。

3）当测量小电流时，若指针的偏转角很小，读数不准确，可将被测导线在钳口上绕几圈以增大读数，此时实际测量值应为表头的读数除以导线所绕的圈数。

4）钳形电流表一般用于测量低压电流，不能用于测量高压电流。测量时，为了保证安全，应戴上绝缘手套，身体各部位应与带电体保持不小于0.1m的安全距离。为防止造成短路事故，一般不得用于测量裸导线，也不准将钳口套在开关的闸嘴上或套在熔管上进行测量。

5）测量中，不准带电调节量程转换开关，应将被测导线退出钳口或张开钳口后再换挡。使用完毕，应将钳形电流表的量程转换开关置于最大量程挡。

（四）绝缘电阻表

绝缘电阻表是常用的一种电工测量仪表，主要由一台小容量、输出高电压的手摇直流发电机和一只磁电系比率表及测量电路组成，因此又称为摇表。其刻度以兆欧（MΩ）为单位，主要用来测量电气设备、家用电器或电气电路对地及相间的绝缘电阻。

1. 结构

绝缘电阻表的结构如图1-69所示，有L（线路）、E（接地）和G（屏蔽）三个接线柱。

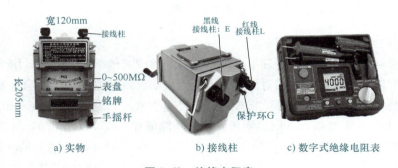

a) 实物　　　　b) 接线柱　　　　c) 数字式绝缘电阻表

图1-69　绝缘电阻表

2. 使用方法

1）测量前，需使被测设备与电源脱离，禁止在设备带电的状态下测量。

2）使用前，应先对绝缘电阻表进行检查，方法是：将绝缘电阻表水平放置。"线（L）"与"保护环"或"屏蔽（G）"端子开路时，表针应在自由状态。然后将"线（L）"与"地（E）"端子短接，按规定的方向缓慢摇动手柄，观察指针是否指向"0"刻度。若不能，则绝缘电阻表有故障，不能用于测量。

3）测量前，要将被测端短路放电，以防止测试前设备的储能电容在测量时放电，对操作者造成伤害或对绝缘电阻表造成损坏。

4）测量时，一般只使用绝缘电阻表的"线（L）"和"地（E）"两个接线柱接被测对象。

5）连接绝缘电阻表与被测对象宜使用单股导线，不要使用双股绞线或双股并行线，并注意不要让两根测量线缠绕在一起，以免影响读数的准确。

6）手柄摇动的速度尽量保持在120r/min，待指针稳定1min后再进行读数。

7）测试完毕，先降低手柄摇动的速度，并将"线（L）"端子与被测对象断开，然后停止摇动手柄，以防止设备的电容对绝缘电阻表造成损害。注意：此时手勿接触导电部分。

还有一种数字式绝缘电阻表，如图1-69c所示，其使用方法可查阅相关资料。

（五）塞尺

塞尺又称为厚薄规或间隙片，如图1-70a所示。塞尺是由许多层厚薄不一的钢片组成，按照塞尺的组别制成一把一把的塞尺，每把塞尺中的每片都具有两个平行的测量平面，且都有厚度标记，以供组合使用。塞尺主要用作检验两个结合面之间的间隙大小。

a) 实物 b) 测量方法

图1-70 塞尺

塞尺的使用方法：

1）先将要测量工件的表面清理干净，不能有油污或其他杂质，必要时用油石清理。

2）形成间隙的两工件必须相对固定，以免因松动导致间隙变化而影响测量效果。

3）根据目测的间隙大小选择适当规格的塞尺逐个塞入（见图1-70b）。如用0.03mm能塞入，而用0.04mm不能塞入，则说明所测量的间隙值在0.03mm与0.04mm之间。

4）当间隙较大或希望测量出更小的尺寸范围时，单片塞尺已无法满足测量要求，可以使用数片叠加在一起插入间隙中（当塞尺的最大规格满足使用间隙要求时，尽量避免多片叠加，以免造成累计误差）。

（六）水平尺

水平尺是利用液面水平的原理，以水准泡直接显示角位移，测量被测表面相对水平位置、铅垂位置、倾斜位置偏离程度的一种量器，如图1-71a所示。

水平尺的使用方法：

1）测量水平面：将水平尺放在被测物体上，水平尺气泡偏向哪边，则表示那边偏高；

将水泡调整至中心，就表示被测物体在该方向是水平的了。

2）测量垂直面：横向玻璃管用来测量水平面，竖向玻璃管用来测量垂直面，另外一个一般是用来测量45°角的，如图1-68b所示。

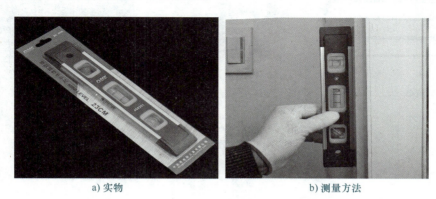

a）实物　　　　　　　　　　　　　b）测量方法

图1-71　水平尺

（七）扳手

扳手是设备维修中的常用工具，主要用于扭转螺栓、螺母或带有螺纹的零件。扳手种类繁多，常见的有梅花扳手、呆扳手、组合扳手、活扳手、套筒扳手、内六角扳手和扭力扳手等，如图1-72所示。

1）梅花扳手。其手柄位于中间，两个边的工作端分别带六角孔或十二角孔，适用于工作空间狭小，不能使用普通扳手的场合。

2）呆扳手。一端或两端制有固定尺寸的开口，用以拧转一定尺寸的螺母或螺栓。

3）组合扳手。一端与单头呆扳手相同，另一端与梅花扳手相同，两端拧转相同规格的螺栓或螺母。

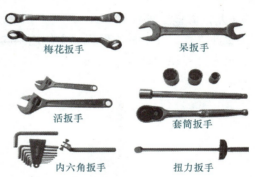

图1-72　各种类型的扳手

4）活扳手。开口宽度可在一定尺寸范围内调节，能拧转不同规格的螺栓或螺母。

5）套筒扳手。由多个带六角孔或十二角孔的套筒并配有手柄、接杆等多种附件组成，特别适用于拧转空间十分狭小或凹陷很深的螺栓或螺母。

6）内六角扳手。成L形的六角棒状扳手，专用于拧转内六角螺钉。内六角扳手的型号是按照六方的对边尺寸来说的，螺栓的尺寸有国家标准。

7）扭力扳手。在拧转螺栓或螺母时，能显示出所施加的扭矩；或者当施加的扭矩达到规定值后，会发出光或声响信号。扭力扳手适用于对扭矩大小有明确规定的场合。

（八）吊装工具

维修电梯时，如果需要将电梯的部件按照要求精确定位，并校正其水平度、垂直度、中心线等定位尺寸要求，则可能需要使用手拉葫芦、千斤顶、起重滑轮、吊索和撬棒等吊装工具，如图1-73所示。

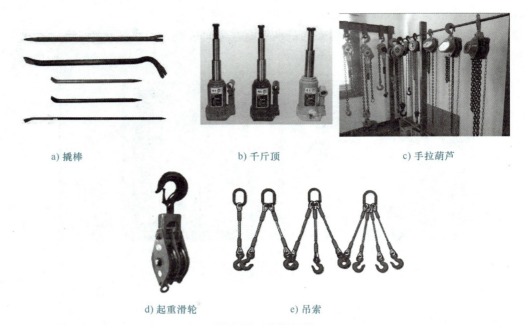

a) 撬棒   b) 千斤顶   c) 手拉葫芦

d) 起重滑轮   e) 吊索

图 1-73　吊装工具

（九）　其他工具仪表

除此之外，在电梯维保作业中使用到的工具、仪表还有对讲机、照度计、噪声计、转速表、拉力计和振动计等，如图 1-74 所示。具体使用方法也可查阅相关资料。

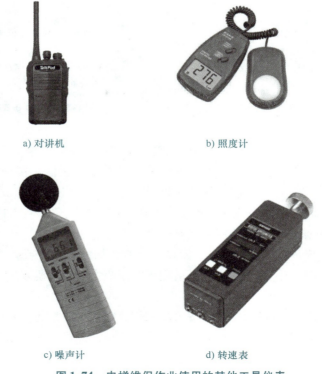

a) 对讲机   b) 照度计

c) 噪声计   d) 转速表

图 1-74　电梯维保作业使用的其他工具仪表

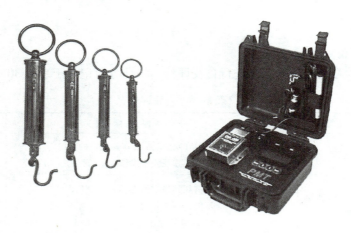

e) 拉力计   f) 振动计

图 1-74 电梯维保作业使用的其他工具仪表（续）

 **工作步骤**

步骤一：工具仪表的使用

1）实训前，先由指导教师进行安全与规范操作的教育。

2）学生以 3～6 人为一组，在指导教师的带领下观察电梯维保常用的工具，能说出各个工具的名称、主要功能和在电梯维保作业中的应用场合，将学习情况记录于表 1-29 中（可自行设计记录表格）。

表 1-29 电梯维保工具仪表使用学习记录

序　号	部　件	类型、功能与应用	使用方法相关记录
1	万用表		
2	试电笔		
3	钳形电流表		
4	绝缘电阻表		
5	塞尺		
6	水平尺		
7	扳手		
8	其他工具仪表		

步骤二：讨论

学生分组讨论。

1）工具仪表的操作要领与体会。

2）小组互评（叙述和记录的情况）。

 **评价反馈**

（一）自我评价（40 分）

由学生根据学习任务完成情况进行自我评价，将评分值记录于表 1-30 中。

表 1-30 自我评价

学习任务	项目内容	配分	评分标准	扣分	得分
学习 任务 1.7	1. 安全意识	20	1. 不遵守安全规范操作要求（酌情扣 2~5 分） 2. 有其他违反安全操作规范的行为（扣 2 分）		
	2. 熟悉电梯维保常用工具的使用	60	1. 没有找到指定的工具（一个扣 5 分） 2. 不能说明工具的作用（一个扣 5 分） 3. 表 1-29 记录不完整（一个扣 5 分）		
	3. 职业规范和环境保护	20	1. 工作过程中工具和器材摆放凌乱，扣 3 分 2. 不爱护设备、工具，不节省材料（扣 3 分） 3. 工作完成后不清理现场，工作中产生的废弃物不按规定处置，各扣 2 分（若将废弃物遗弃在井道内的可扣 3 分）		
			总评分 =（1~3 项总分）×40%		

签名：_____ _____ 年____月____日

（二）小组评价（30 分）

由同一实训小组的同学结合自评的情况进行互评，将评分值记录于表 1-31 中。

表 1-31 小组评价

项目内容	配分	评分
1. 实训记录与自我评价情况	30 分	
2. 相互帮助与协作能力	30 分	
3. 安全、质量意识与责任心	40 分	
总评分 =（1~3 项总分）×30%		

参加评价人员签名：_____ _____ 年____月____日

（三）教师评价（30 分）

由指导教师结合自评与互评的结果进行综合评价，并将评价意见与评分值记录于表 1-32 中。

表 1-32 教师评价

教师总体评价意见：	
教师评分（30 分）	
总评分 = 自我评分 + 小组评分 + 教师评分	

教师签名：_____ _____ 年____月____日

阅读材料 1.4　我国电梯发展史

据统计，截止至 2020 年底，我国的电梯用量达 780 万台（其中自动扶梯 62.5 万台），年产量达 128.2 万台，而且每年新增电梯约 70 万台。电梯在我国已有 100 多年历史，而我国在用电梯数量的快速增长却发生在改革开放以后，现在我国已成为全世界电梯生产、销售和使用的第一大国。100 多年来，我国电梯行业的发展大体经历了以下三个阶段。

一、依赖进口的阶段（1900～1949 年）

在这近半个世纪的时间里，全国电梯拥有量仅 1100 多台。

1900 年，美国奥的斯电梯公司通过代理商获得在中国的第一份电梯合同——为上海提供两部电梯。从此，世界电梯历史上展开了中国的一页。

1907 年，奥的斯公司在上海的汇中饭店（今和平饭店南楼）安装了两部电梯。这两部电梯被认为是我国最早使用的电梯。

1908 年，位于上海黄浦路的礼查饭店（后改为浦江饭店）安装了 3 部电梯。1910 年，上海总会大楼（曾为东风饭店）安装了 1 部德国西门子公司制造的三角形木制轿厢电梯。

1915 年，位于北京市王府井南口的北京饭店安装了 3 部奥的斯公司交流单速电梯，其中客梯两部，7 层 7 站；杂物梯 1 部，8 层 8 站（含地下 1 层）。1921 年，北京协和医院安装了 1 部奥的斯公司电梯。

1921 年，天津卷烟厂（前身系天津英美烟草公司）厂房内安装了奥的斯公司 6 部手柄操纵的货梯（见图 1-75）。

　　　a) 工厂的奥的斯电梯　　　　　　　　　b) 电梯的对重

图 1-75　天津英美烟草公司内的电梯

1924 年，天津利顺德大饭店安装了奥的斯电梯公司 1 台手柄开关操纵的乘客电梯（见图 1-76）。其额定载重量为 630kg，交流 220V 供电，速度为 1m/s，5 层 5 站，木制轿厢，手动栅栏门。

1935 年，位于上海南京路、西藏路交界口的大新公司（今上海第一百货商店）安装了奥的斯公司的两部轮带式单人自动扶梯。这两部自动扶梯安装在铺面商场至2 楼、2 楼至 3 楼之间，面对南京路大门。这两部自动扶梯被认为是我国最早使用的自动扶梯。

图 1-76　天津利顺德大饭店的奥的斯电梯

1947 年，上海市工务局营造处提出并实施电梯保养工程师制度。1948 年 2 月，制定了加强电梯定期检验的规程，这反映了我国早期地方政府对电梯安全管理工作的重视。

截至 1949 年，上海各大楼共安装了进口电梯约 1100 部，其中美国生产的最多，为 500 多部；其次是瑞士生产的 100 多部，还有英国、日本、意大利、法国、德国、丹麦等国生产的。其中，丹麦生产的一部交流双速电梯额定载重量为 8t，是上海当时最大额定载重量的电梯。

二、独立自主研制、生产阶段（1950～1979 年）

1951 年冬，党中央提出要在北京天安门安装 1 部中国自己制造的电梯，任务交给了天津（私营）从庆生电机厂。4 个多月后，第一部由中国工程技术人员自己设计制造的电梯诞生了。该电梯载重量为 1 000kg，速度为 0.70m/s，交流单速、手动控制。

1959 年，中国上海电梯厂制造出了我国第一批自动扶梯，用于北京火车站。

从 1949 年到 1978 年的 30 年间，我国电梯制造业发展缓慢。30 年间生产电梯的总量为 1 万多台，平均每家电梯企业的年生产量只有 40 多台。

三、快速发展阶段（自 1980 年至今）

随着我国市场经济的持续快速增长、城市化进程的加快、物质生活的不断富足、基础设施建设投入的加大，以及人口老龄化等因素，我国电梯制造业呈现快速发展的态势。根据电梯协会统计的数据：全国电梯产量在 1980 年时仅为 2249 台，到 1986 年突破了 1 万台，1998 年突破了 3 万台，2004 年超过了 10 万台，2007 年超过了 20 万台，2010 年超过了 30 万台，2011 年超过了 40 万台，2012 年超过了 50 万台（见图 1-77），而到 2020 年已达 128.2 万台，这个数字在多年前是不可想象的。目前我国已成为第一大电梯生产和消费国，电梯产量占世界总产量的 80%。

我国虽然已成为全世界电梯产量与在用量第一的国家，但是人均在用电梯的数量只有 36 台/万人，仅相当于发达国家的 1/4～1/3，因此，电梯行业仍然有十分广阔的发展空间。同时，按照电梯使用的规律，当在用电梯达到了 200 万台规模时，电梯的平均寿命按 15～20 年计算，保守估计，每年仅更新就有 10 万台电梯的需求。所以要达到目前发达国家人均在用电梯数量的水平，预测我国电梯的需求量在未来 10 年内还将持续稳定地增长，因此在今后相当长的时间内，我国还将是全球最大的电梯市场。而且随着电梯在用量的不断增加（预计到 2023 年，我国电梯保有量将超过一千万台），电梯的维修保养服务将在电梯市场占有更大的份额，制造与维保并重已成为电梯制造企业的发展方向，因此随之而来的电梯维保人才需求也将越来越大。

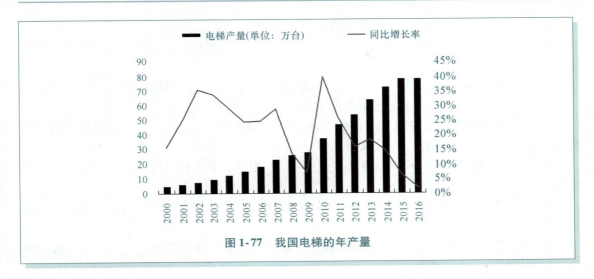

图 1-77　我国电梯的年产量

项目小结

　　本项目介绍了电梯的整体基本结构，一些主要部件的功能、作用及安装位置；介绍了电梯安全操作规范，主要讲述了如何做好充分的安全保障工作（包括警戒线、警示牌、安全帽、安全带、电工绝缘鞋）以确保自己和他人的生命安全；如何规范地进行盘车操作；带电操作时的注意事项，断电后如何处理；进出轿顶和进出底坑应如何规范操作以及常见工具的使用等。在完成本项目的学习任务后，应达到以下要求。

　　1）在使用电梯过程中，人身和设备安全是至关重要的。确保电梯在使用过程中人身和设备安全是首要职责。

　　2）加强对电梯的管理，建立并坚持贯彻切实可行的规章制度。

　　3）电梯操作人员须经安全技术培训，并考试合格，取得国家统一格式的特种设备作业人员资格证书，方可上岗，无特种设备作业资格证人员不得操作电梯。

　　4）掌握在机房的基本操作。

　　5）掌握盘车的规范操作。

　　6）掌握进出轿顶的规范操作。

　　7）掌握进出底坑的规范操作。

　　8）养成安全操作的规范行为。

　　9）学会使用电梯维修保养的常用工具。

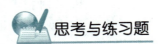

思考与练习题

1-1　填空题

　　1. 如果按照用途分类，电梯主要有＿＿＿＿＿＿＿、＿＿＿＿＿＿＿、＿＿＿＿＿＿＿、

＿＿＿＿＿＿＿、＿＿＿＿＿＿＿、＿＿＿＿＿＿＿、＿＿＿＿＿＿＿、

_____和_____等几大类。

2. 电梯的基本结构可分为_____、_____、_____和_____四个空间。

3. 电梯从功能上可分为_____系统、_____系统、_____系统、_____系统、_____系统及_____系统。

4. 我国电梯的型号主要由三大部分组成：第一部分为_____代号，第二部分为_____代号，第三部分为_____代号。

5. 型号"TKJ 1000/1.6-JX"表示_____电梯，额定载重量为_____kg，额定速度为____m/s，____控制。

6. 特种设备是指涉及生命安全、危险性较大的锅炉、压力容器（含气瓶，下同）、压力管道和_____。

7. 特种设备生产、使用单位和特种设备检验检测机构，应当接受_____部门依法进行的特种设备安全监察。

8. 电梯作业人员必须持有_____部门颁发的操作证上岗。

9. 电梯维修操作时，维修人员一般不少于_____人。

10. 在拉闸瞬间可能产生_____，一定要_____以免对人造成伤害。

11. 机房内的紧急手动操作装置是漆成黄色的_____和漆成红色的_____。

12. 进入轿顶时，首先按下轿顶检修盒上的_____按钮，使电梯无法运行，再将有关开关置于_____状态。

1-2　选择题

1. 按照 TSG T5002—2017《电梯维护保养规则》，曳引与强制驱动电梯半月维护保养有（　　）个项目。

A. 28　　　　　　　B. 29　　　　　　　C. 30　　　　　　　D. 31

2. 在中国境内，电梯的安装与维修应执行（　　）。

A. 外国企业标准　　B. 中国企业标准　　C. 中外合资企业标准　D. 中国国家标准

3. 《特种设备安全监察条例》第三十一条规定：电梯应当至少每（　　）进行一次清洁、润滑、调整和检查。

A. 半个月　　　　　B. 一个月　　　　　C. 一个季度　　　　D. 半年

4. 锅炉、压力容器、电梯、起重机械、客运索道、大型游乐设施的作业人员及其相关管理人员（以下统称特种设备作业人员）应当按照国家有关规定，经特种设备安全监督管理部门考核合格，取得国家统一格式的（　　）方可从事相应的作业或者管理工作。

A. 特种作业人员证书　　　　　　　　B. 特种技术等级证

C. 以上两个证任一个证均可　　　　　D. 以上两个证都是

5. 特种设备作业人员在作业中，应当（　　）执行特种设备的操作规程和安全规章制度。

A. 选择　　　　　　B. 严格　　　　　　C. 熟练　　　　　　D. 参照

6. 特种设备生产、使用单位，应当建立健全特种设备安全管理制度和（　　）。

A. 领导责任制度　　　　　　　　　　B. 岗位协调制度

C. 岗位安全责任制度　　　　　　　　D. 领导监督制度

7. 电梯的安装、改造、修理工作，应由电梯制造单位和（　　）单位进行。

A. 使用单位自行委托的

B. 依法取得相应许可的

C. 电梯制造单位委托的依照本法取得相应许可的单位进行

D. 以上都不是

8. 电梯的维护保养应当由电梯制造单位和（　　）单位进行。

A. 使用单位自行委托的任何

B. 依法取得相应许可的安装、改造、修理单位

C. 必须经电梯制造单位委托的依照本法取得相应许可的单位进行

D. 以上都不是

9. 电梯的安装、改造、修理工作，应由（　　）进行。

A. 电梯制造单位和由电梯制造单位委托的依照本法取得相应许可的单位

B. 依法取得相应许可的单位

C. 电梯使用单位

D. 电梯使用单位和由电梯使用单位自行委托的单位

10. 在电梯检修操作运行时，必须是经过专业培训的（　　）人员方可进行。

A. 电梯司机　　　　　B. 电梯维修　　　　　C. 电梯管理　　　　　D. 其他人员

11. 欲进入轿顶施工维修，用层门开锁钥匙打开层门，应先按下轿顶（　　）开关后，才可以步入轿顶。

A. 照明　　　　　B. 门机　　　　　C. 停止　　　　　D. 慢上

12. 欲进入底坑施工维修，用层门开锁钥匙打开最低层的层门，应先按下（　　）开关后，才可以进入底坑。

A. 底坑照明　　　　　B. 井道照明　　　　　C. 底坑停止　　　　　D. 底坑插座

13. 当有人在轿厢顶作业，如需要移动轿厢时，必须保证电梯处于（　　）。

A. 绝对静止状态　　　　　　　　　　B. 检修运行状态

C. 主电源上锁挂牌状态　　　　　　　D. 基站位置

14. 在维保作业中同一井道及同一时间内，不允许有立体交叉作业，且不得多于（　　）。

A. 一名操作人员　　　B. 两名操作人员　　　C. 三名操作人员　　　D. 四名操作人员

15. 在电梯轿顶维修时严禁（　　）操作。

A. 一脚踏在轿顶上，另一脚踏在轿顶外井道的固定结构上

B. 双脚踏在固定结构上

C. 双脚踏在轿顶上

D. 单手

16. 在电梯维修保养作业中，凡离地面（棚架踏面）（　　）m高处作业，必须系好安全带。

A. 1　　　　　B. 2　　　　　C. 3　　　　　D. 4

17. 在电梯安装维保中，凡进入井道施工必须戴好（　　）。

A. 安全帽　　　　　B. 工作帽　　　　　C. 防尘帽　　　　　D. 防火帽

18. 下列关于电梯检修过程中的安全规程表述正确的是（　　）。

A. 维修人员两只脚可分别站在轿顶与层门上坎之间进行长时间作业

B. 人在轿顶上开动电梯时，须牢握轿厢架上梁或防护栏等机件，但不能握住钢丝绳

C. 可站在井道外探身到轿顶上作业

D. 以上都不对

19. 下列关于电梯检修过程中的安全规程表述错误的是（　　）。

A. 检修电器设备时，应切断电源或采取适当的安全措施

B. 人在轿顶上开动电梯时，须牢握轿厢架上梁或防护栏等机件，但不能握住钢丝绳

C. 维修人员两只脚可分别站在轿厢顶与层门上坎之间进行长时间作业

D. 进入底坑后，将底坑急停按钮或限速张紧装置的断绳开关断开

20. 关于电梯维保作业操作规程说法正确的是（　　）。

A. 带电测量时，要确认万用表电压挡的挡位选择是否正确

B. 清洁开关触头时，可直接用手触摸触头

C. 进出底坑时可踩踏缓冲器

D. 以上都不对

21. 关于电梯维保作业操作规程说法错误的是（　　）。

A. 带电测量时，要确认万用表的电压挡挡位选择是否正确

B. 断电作业时，要用万用表电压挡检测，确认不带电

C. 移动作业位置时，要大声确认来确定安全情况

D. 清洁开关触头时，可直接用手触摸触头

22. 以下关于电梯安全操作规范错误的描述是（　　）。

A. 正确使用安全帽、防滑电工鞋、安全带

B. 可以在层门、轿门部位进行骑跨作业

C. 层门开锁钥匙不得借给无证人员使用

D. 维修保养时，应在首层电梯层门口放置安全护栏及维修警示牌

23. 以下关于电梯安全操作规范错误的描述是（　　）。

A. 正确使用安全帽、防滑电工鞋、安全带

B. 严禁在层门、轿门部位骑跨作业

C. 必要时，可将层门开锁钥匙借给无证人员使用

D. 维修保养时，应在首层电梯层门口放置安全护栏及维修警示牌

24. 以下关于电梯安全操作规范错误的描述是（　　）。

A. 禁止无关人员进入机房或维修现场

B. 工作时，必须穿戴安全帽、系安全带、穿工作服和防滑电工鞋

C. 电梯检修保养时，应在基站和操作层放置警戒线和维修警示牌。停电作业时，必须在开关处挂"停电检修禁止合闸"告示牌

D. 当有人在坑底、井道中作业时，轿厢可以开动，但不得在井道内上、下立体作业

25. 以下关于电梯安全操作规范正确的描述是（　　）。

A. 电梯检修保养时，应在基站和操作层放置警戒线和维修警示牌；停电作业时，必须在开关处挂"停电检修禁止合闸"告示牌

B. 当有人在坑底、井道中作业维修时，轿厢可以开动，但不得在井道内上、下立体

作业

C. 维修人员可以一只脚在轿顶，一只脚在井道固定站立操作

D. 以上都不对

26. 电梯供电系统应采用（   ）系统。

A. 三相五线制   B. 三相四线制   C. 三相三线制   D. 中性点接地的 TN

27. 停止开关（急停）应是（   ）色，并标有（   ）字样加以识别。

A. 红、停止（或急停）   B. 黄、停止（或急停）

C. 绿、急停   D. 红、开关

28. 电梯出现关人现象时，维修人员首先应做的是（   ）。

A. 打开抱闸，盘车放人   B. 切断电梯动力电源

C. 与轿厢内人员取得联系，了解情况   D. 打开层门放人

29. 为了必要（如救援）时能从层站外打开层门，紧急开锁装置应（   ）。

A. 在基站层门上设置   B. 在两个端站层门上设置

C. 设置在每个层站的层门上   D. 每两层设置一个

30. 需要手动盘车时，应（   ）。

A. 切断电梯电源   B. 按下停止开关   C. 有人监护   D. 打开制动器

31. 若机房、轿顶、轿厢内均有检修运行装置，必须保证（   ）的检修控制"优先"。

A. 机房   B. 轿顶   C. 轿厢内   D. 最先操作

32. 用层门钥匙开启层门前，应（   ）。

A. 观察层楼显示   B. 确认轿厢位置   C. 有人监护   D. 接受培训

33. 电梯检修工作中进入底坑正确的操作步骤是（   ）。

① 打开底坑照明

② 进入底坑工作

③ 验证底坑急停开关

④ 验证层门门锁回路

A. ④→③→①→②   B. ①→②→③→④

C. ②→③→④→①   D. ①→④→②→③

34. 实施困人救援正确的操作步骤是（   ）。

① 接到电梯困人报警后，组织人员进行救援，同时对被困人员进行安慰

② 进入机房，关闭故障电梯电源开关（要确定故障电梯）

③ 重新关好门，确认门锁已锁上

④ 用层门开锁钥匙打开电梯门，协助被困人员离开电梯轿厢

⑤ 到达指定位置后，根据楼层指示灯观察电梯位置，当无楼层指示时，要逐层敲门确定电梯轿厢的大概位置

⑥ 实施手动盘车程序，盘车至就近层

⑦ 到电梯轿厢所在位置后与被困人员取得联系或用机房电话与被困人员取得联系，通知他们不要惊慌、不要扒门、保持镇静、等待救援

A. ①→⑤→②→⑥→⑦→③→④   B. ①→⑦→②→⑤→⑥→④→③

C. ①→⑤→⑦→②→⑥→④→③   D. ②→①→⑦→⑤→⑥→④→③

35. 电梯检修工作中，机房断电正确的操作步骤是（　　）。

① 用万用表交流电压挡对主电源相与相、相对地之间进行测量，验证电源是否确实切断

② 确认完成断电工作后，挂上"在维修中"的警示牌，将配电箱锁上

③ 侧身拉闸断电

④ 确认断电后，再对控制柜中的主电源线进行验证

　A. ①→④→③→②　　　　　　　　　B. ①→②→③→④

　C. ①→③→②→④　　　　　　　　　D. ③→①→④→②

36. 万用表是电梯维保的常用仪表之一，使用万用表测量时，如果不清楚被测量的大小，应先将挡位调节旋钮打在（　　）。

　A. 最大量程挡　　B. 最小量程挡　　C. 中间量程挡　　　D. 任意挡

37. 当使用万用表测电阻时，一般把被测量范围选择在仪表标度尺满刻度的（　　）。

　A. 起始段　　　　B. 中间段　　　　C. 接近满刻度位置　D. 任意位置

38. 当使用万用表电阻挡测量电阻时，每换一次挡都（　　）。

　A. 需要进行电气调零　　　　　　　B. 不需要进行电气调零

　C. 需要进行机械调零　　　　　　　D. 不确定

39. 在直流电路中，电流流经某一电阻，若用万用表测量其电压，应（　　）。

　A. 电流流入端为正，流出端为负　　B. 电流流入端为负，流出端为正

　C. 无极性　　　　　　　　　　　　D. 不确定

40. 电梯维保常用仪表中，绝缘电阻表是用来测量电气设备的（　　）。

　A. 电压　　　　　B. 电流　　　　　C. 绝缘电阻　　　　D. 接地电阻

41. 测量绝缘电阻应使用（　　）。

　A. 指针式万用表　B. 数字式万用表　C. 钳形电流表　　　D. 绝缘电阻表

42. 测量接地电阻应使用（　　）。

　A. 万用表　　　　B. 毫伏表　　　　C. 钳形电流表　　　D. 绝缘电阻表

43. 用钳形电流表测量电流时，应将被测导线放在（　　）。

　A. 钳口中央　　　B. 靠近钳口边缘　C. 钳口外面　　　　D. 随意

44. 测量接地电阻时，仪表的P、E、C端应分别接（　　）。

　A. 电压极、接地体和电流极　　　　B. 电压极、电流极和接地体

　C. 电压极、电流极和电阻极　　　　D. 电流极、接地体和电压极

45. 要准确测量电动机定子绕组的直流电阻，应选用（　　）。

　A. 万用表　　　　B. 电桥　　　　　C. 绝缘电阻表　　　D. 以上都可以

46. 以下关于用绝缘电阻表测量电梯电路绝缘电阻的步骤，顺序正确的是（　　）。

① 断开被测电气电路的所有电源，断开与被测电气电路相连接的电子电路（板）

② 将绝缘电阻表测量线 L 接到被测电气电路上，连接应牢固，接触要良好；将绝缘电阻表测量线 E 接到接地线（屏蔽线）上，连接应牢固，接触要良好

③ 手摇绝缘电阻表手柄均匀加速至120r/min；将绝缘电阻表转速稳定在120r/min，读取并记录1min后的绝缘电阻表指针指向的数据，就是所测得的绝缘电阻值

④ 选择绝缘电阻表测量挡位（500V）试表并检查确认其有效性

⑤ 对于绝缘电阻值不合格的电气电路（设备），不能通电运行，查找原因并消除故障，直到测得的绝缘电阻值合格为止，填表记录

⑥ 判断绝缘电阻值合格与否。动力电路（设备）的绝缘电阻值不小于 $0.5M\Omega$ 属于合格，控制电路（设备）的绝缘电阻值不小于 $0.25M\Omega$ 属于合格

A. ①→②→③→④→⑤→⑥　　　　　B. ①→②→④→③→⑤→⑥

C. ①→④→②→③→⑥→⑤　　　　　D. ⑤→③→②→①→④→⑥

47. 塞尺的使用方法是（　　　）。

① 先将要测量工件的表面清理干净，不能有油污或其他杂质，必要时用油石清理

② 根据目测的间隙大小选择适当规格的塞尺逐个塞入

③ 形成间隙的两工件必须相对固定，以免因松动导致间隙变化而影响测量效果

④ 当间隙较大或希望测量出更小的尺寸范围时，单片塞尺已无法满足测量要求，可以使用数片叠加在一起插入间隙中（在塞尺的最大规格满足使用间隙要求时，尽量避免多片叠加，以免造成累计误差）

A. ①→②→③→④　　　　　　　　　B. ①→③→②→④

C. ①→④→②→③　　　　　　　　　D. ③→②→①→④

1-3　判断题

1. 从进入机房起供电系统的中性线（N）与保护线（PE）应始终分开。（　　　）

2. 为在盘车时掌握轿厢的平层状况，曳引绳上应标注层楼平层标志。（　　　）

3. 电梯安装、维修及保养时，应在明显位置处设置施工警告牌。（　　　）

4. 当电梯控制柜的运行状态转换开关处于"检修"位置并使电梯运行时，将轿顶运行状态转换开关扳到"检修"位置，电梯立即停止运行。（　　　）

5. 基站就是电梯的最低层站。（　　　）

6. 为了便于紧急状态下的紧急操作，盘车时抱闸一经人工打开即应锁紧在开启状态，使得只需一人即可完成盘车操作。（　　　）

7. 当曳引机通电时，制动器即抱闸；切断主电源，制动器立即松闸。（　　　）

8. 电梯在运行过程中非正常停车困人，是一种保护状态。（　　　）

9. 通电后，机房电源箱必须挂牌上锁。（　　　）

10. 防止超越行程的保护装置是缓冲器。（　　　）

1-4　学习记录与分析

1. 小结电梯机房基本操作的过程、步骤、要点和基本要求。

2. 小结盘车操作的过程、步骤、要点和基本要求。

3. 小结进出轿顶操作的过程、步骤、要点和基本要求。

4. 小结进出底坑操作的过程、步骤、要点和基本要求。

1-5　试叙述对本项目与实训操作的认识、收获与体会。

项目2 电梯的安全使用和管理

项目分析

电梯是一种对安全性能要求很高的设备。为了保证电梯的安全运行，按照规范做好日常的使用与管理至关重要。通过本项目的学习，可使学生学会如何安全使用电梯，并掌握电梯的日常管理方法。

建议学时

建议学习本项目所用学时为 4~6 学时。

学习目标

应知

1. 熟记电梯的安全操作规程，会按照电梯安全操作规程进行各项操作。

2. 掌握电梯日常管理的要求。

应会

学会电梯的安全使用与日常管理。

学习任务 2.1 电梯的安全使用

基础知识

根据国家的有关规定，电梯属于特种设备。特种设备的设计、制造、安装、使用、检验、维修保养和改造，由质量技术监督部门负责质量监督和安全监察。其中的"使用"是指电梯设备的产权单位应当加强电梯的使用管理，按要求按照《中华人民共和国特种设备安全法》和相关法律法规的要求对电梯进行办理设备注册登记、建立电梯设备档案和日常安全使用的管理工作，并按要求进行电梯定期检验、由专业并取得资格的电梯维修保养和改造的法人单位进行电梯维修保养工作。

一、电梯的安全使用要求

电梯是楼房里上下运送乘客或货物的垂直运输设备。应特别注意电梯使用中的安全，因此必须由持证的电梯安全管理人员或者本单位的特种设备安全管理机构依法建立规章制度。根据本单位电梯的使用特点，确保电梯在使用过程中人身和设备安全。因此，必须做到以下几点：

1）重视加强对电梯的管理，建立并坚持贯彻切实可行的规章制度。

2）有司机控制的电梯必须配备专职司机，无司机控制的电梯必须配备管理人员。除司机和管理人员外，如果本单位没有维修许可资格，还应及时委托有许可资格的电梯专业维修单位负责维护保养。

3）制定并坚持贯彻司机、乘用人员的安全操作规程。

4）坚持监督维修单位按合同要求做好电梯日常维修和预检修工作。

5）当司机、管理人员等发现电梯运行不安全的因素时，应及时采取措施，严重时，应停止使用。

6）电梯停用超过一周后，应经维修单位认真检查和试运行后方可交付继续使用。

7）电梯电气设备的一切金属外壳必须采取保护接地或接零措施。

8）机房内应备有灭火设备。

9）照明电源和动力电源应分开供电。

10）电梯的工作条件和技术状态应符合随机技术文件和有关标准的规定。

二、电梯的运行状态

电梯的运行是程序化的，通常电梯都具备有司机运行、无司机运行、检修运行和消防运行四种状态。

1. 有司机运行状态

电梯的有司机运行状态是为经过专门训练、有合格操作证的授权操作电梯的人员设置的运行状态。

2. 无司机运行状态

电梯处于无司机运行状态即由乘客自己操作电梯的运行状态，亦称自动运行。

3. 检修运行状态

电梯的检修运行状态是只能由经过专业培训并考核合格的人员才能操作电梯的运行状态。电梯处于检修运行状态时，控制回路中所有正常运行环节和自动开关门的正常环节被切断，电梯只能慢速上行或下行。

4. 消防运行状态

电梯的消防运行状态是在火灾情况下由消防人员操作电梯的运行状态。此状态下，电梯只应答轿厢内指令信号，不应答呼梯信号，且只能逐次进行。运行一次后将全部消除轿厢内指令信号，再运行时，需再一次内选欲去楼层的按钮。到达目的层站，不自动开门，只有持续按开门按钮才开门，门未完全打开时，松开开门按钮门会立即自动关闭。关门也是只有持续按关门按钮才关门，门未完全关闭时，松开关门按钮门会立即自动打开。

三、电梯操作规程与安全管理制度

电梯操作规程与安全管理制度是由各地区或单位，依据本地区、本单位的具体情况来制定的。由于各单位电梯制造厂家的不同，电梯规格、型号的不同以及使用情况的不同，电梯规程与制度的具体内容也不尽相同。现以国家有关的法律、标准和规范为依据，拟定出电梯司机操作规程与安全管理制度，供有关单位制定时参考。电梯制造厂家有具体规定的，以厂家规定为准。

1. 电梯司机操作规程

1）一般规则：电梯司机须经安全技术培训，并考试合格，取得国家统一格式的特种设备作业人员资格证书，方可上岗，无特种设备作业资格证人员不得操作电梯。

2）电梯司机需定期进行体检，凡患有心脏病、神经病、癫痫、色盲症以及聋哑、四肢有严重残疾的人，不能从事电梯司机工作。

3）电梯司机应热爱服务性的电梯工作，对工作认真，对乘客热情。

4）电梯司机应了解电梯的工作原理，熟悉电梯的功能，能熟练操作电梯。

5）电梯司机应爱护设备，做好轿厢、层站的清洁工作。

6）电梯司机配合电梯管理人员和维修人员工作时，应听从指挥，不违章操作。

2. 有司机运行操作规程

（1）运行前的工作内容

每天电梯正式运行前，电梯司机应对电梯进行班前检查，其主要包括外观检查和运行检查。

外观检查的内容有以下几点。

1）在开启电梯层门进入轿厢之前，务必验证轿厢是否停在该层及平层误差情况。

2）进入轿厢后，应开启照明，检查轿厢是否清洁，层门、轿门、地坎槽内有无杂物、垃圾，轿厢内照明灯、电风扇、装饰吊顶、操纵盘等器件是否完好，所有开关是否都在正常位置上。

3）检查层站呼梯按钮及轿内、轿外层楼指示器是否正常。

4）查看上一班司机的运行记录。

运行检查也称为试运行，即电梯司机在完成外观检查后，应关好轿门及层门，起动电梯从基站出发，上下运行数次并检查以下几点。

1）试运行时，应进行单层、多层、端站直驶运行和急停按钮试验，并验证操纵盘上各开关按钮动作是否正常，呼梯按钮、信号指示、消号、层楼指示等功能是否正常，电梯与外部通信联络装置，如电话、对讲机、警铃等是否正常。

2）电梯上下运行中要注意有无撞击声或异常声响和气味。

3）检查门联锁开关工作是否正常，当门未闭合时，电梯应不能起动，层门关闭后，应不能从外面开启，门的开启、关闭应灵活可靠，无颤动响声。

4）运行中要检查电梯的运行速度，制动器工作是否正常，电梯停站后轿厢有无滑移情况，轿厢平层误差是否在规定范围之内。

5）以上各项检查合格后，电梯即可投入运行，否则应由检修人员进行检修，待故障排除后才可使用。

（2）运行后的工作内容

1）当班工作完毕，电梯司机应确保满足所有正常运行要求后，将电梯驶回基站停放。

2）做好当班电梯运行记录，将存在问题及时报告有关部门及检修人员。

3）做好轿厢内外的清洁工作。清除层门、轿门地坎槽内的杂物、垃圾。

4）做好交接班工作，当发现接班人员精神异常、不交班或无人接岗时，不可直接离岗，应及时向有关部门报告。

5）如果为最后一班工作，下班后，则应做好当班电梯运行记录、打扫卫生后锁梯。

3. 无司机运行操作规程

1）轿厢内应挂有电梯使用操作规程和注意事项。

2）管理人员应每天开着电梯上、下运行一、两趟，确保电梯处于正常运行状态，才可将电梯置于无司机控制模式；若发现有问题，管理人员一定及时通知签约维保单位，不能让电梯带故障运行。

3）突然停电时，若电梯没有装设停电就近平层停靠开门装置，应立即派人检查是否有乘客被困于电梯轿厢内，如有，则应及时将被困乘客救出。

4）电梯的五方通话系统应保持良好状态。

4. 乘客使用电梯的方法及注意事项

1）查看候梯厅电梯，按层门右侧呼梯按钮，欲去所在楼层的更高层，则按"▲"，反之按"▼"。

2）轿厢到达本楼层时，由层楼显示的方向箭头"▲"或"▼"，确认电梯的运行方向。

3）乘坐电梯时，应注意礼貌，做到先出后进。

4）注意电梯门的打开与关闭。轿门打开数秒后即自动关闭。若出入轿厢需延长时间，可按住轿厢操作盘上的开门按钮或本层呼梯按钮（"▲"或"▼"），直到人员走完或物品运完为止。

5）进入轿厢后，若再无其他人进入，可直接按关门按钮，轿门则立即关闭，并应按下欲前往楼层的按钮。

6）抵达目的层。由轿厢内层楼显示信号确认轿厢到达位置，待轿门打开后走出轿厢。

7）严禁超载。当电梯超载时，蜂鸣器会发出警报，超载红灯亮，电梯拒绝关门运行或在关门过程中门立即打开，指导乘客减少载客量，直到蜂鸣器不响超载灯灭，方可运行。

8）不要按不相关的按钮。乘客搭载电梯只需按楼层选择按钮及开（关）门按钮，请勿按不相关的按钮。

9）幼童不宜单独乘坐电梯。幼童需由大人陪同搭乘电梯，以免发生意外。

10）轿厢内不准蹦跳、游戏。若乘客在轿厢内蹦跳、游戏，电梯设备的安全装置则可能发生误动作而导致电梯停止运行，将乘客困于轿厢内。

11）请用手操作电梯按钮。应用手指操作电梯楼层选择按钮，电梯设备应人人爱护，禁止使用雨伞、手杖等物品敲打按钮，以免引起故障。

12）轿厢内严禁吸烟。

13）严禁强行撬开电梯门，切忌勉强逃生。电梯运行中停电或发生故障时，乘客被困在轿厢内，应立即按警铃或拨打电话（对讲机）通知管理人员等待救援。绝不可擅自强行扒开轿门，或从轿顶安全窗逃生，以免发生危险。

14）楼内发生火灾或遇到地震时，请勿使用电梯。

5. 乘客在无司机状态下使用电梯出现紧急情况的处理

电梯运行中发生失控或运行中突然发生停梯事故，将乘客困于轿厢内时，被困乘客要保持冷静，尽量放松。电梯困人是一种自我保护状态，轿厢内没有危险，且通风足够。此时，被困人员应立即按报警按钮或用电话（对讲机）通知管理人员，即使暂时没有响应，也应保持冷静，等待救援，绝不可擅自强行扒开轿门或从轿顶安全窗逃生，以免发生危险。

电梯乘客应按照电梯安全注意事项和警示标志正确使用电梯，不得有下列行为：

1）使用明显处于非正常状态下的电梯。

2）携带易燃、易爆物品或者危险化学品搭乘电梯。

3）拆除、毁坏电梯的部件或者标志。

4）运载超过电梯额定载荷的货物。

5）其他危及电梯安全运行的行为。

四、电梯检修运行操作规程

1. 检修操纵箱的结构和技术要求

检修运行装置包括运行状态转换开关，操作慢速运行的上、下方向按钮和急停开关。检修运行开关按 GB 7588—2003《电梯制造与安装安全规范》的要求应设置在轿顶，当轿顶以外的部位，如机房、轿厢内也有检修运行装置时，必须保证轿顶的检修开关"优先"，即当轿顶检修开关处于"检修"位置时，其他地方的检修运行装置全部暂时失效。

轿厢内的检修开关应用钥匙动作，也可设在有锁的控制盒内。

2. 检修运行的操作方法及注意事项

（1）在轿厢内的检修运行及操作

1）用钥匙打开操纵盘下面的控制盒。

2）将检修开关旋转到"检修"位置。

3）按关门按钮，将门关好。

4）持续按上方向（▲）按钮或下方向（▼）按钮，即可使电梯慢速上行或下行。

5）当松开上方向（▲）按钮或下方向（▼）按钮时，电梯停止运行。

（2）在轿顶的检修运行操作

在轿顶检修运行时，一般应不少于两人。

1）用层门开锁钥匙打开轿厢所在层站上一层站的层门。

2）一人用手挡住层门不让其自行关闭，另一人按下轿顶急停开关，使轿厢处于停止状态。

3）两人相互配合上到轿顶安全处。

4）先将检修开关旋转到"检修"位置，再将急停开关复位。

5）关闭层门。

6）持续按向上按钮或向下按钮，即可使电梯慢速上行或下行。

7）当松开向上或向下按钮时，电梯停止运行。

（3）检修运行时的注意事项

1）当电梯检修运行时，必须由经过专业培训的人员进行，且一般应不少于两人。

2）严禁短接层门门锁等安全装置进行检修运行。

3）检修运行时必须注意安全，要相互配合，做到有呼有应。相互没有联系好时，绝不能检修运行。

4）请勿长距离检修运行，宜走走停停相结合着运行。

5）当检修运行到某一位置，需进行井道内或轿底的某些电气、机械部件检修时，操作人员必须按下轿顶检修盒上的急停按钮或轿厢操纵盘的急停按钮后，才可进行操作。

五、对外联系报警装置的使用和要求

1. 电梯轿厢内的必备设施和说明

1）紧急报警装置（警铃、对讲机或电话）在停电时也可使用，并应有使用说明。

2）应急照明。在轿厢正常照明电源中断的情况下自动照亮，应保证能看清报警装置及其说明。

3）在显著位置张贴电梯"安全检验合格"标志。

4）在显著位置张贴乘梯注意事项。

2. 电梯报警装置的设置要求

轿厢内应装有紧急报警装置，该装置应采用一个对讲系统，主要用于救援时的联系。当电梯行程大于 30m 以及液压电梯机房与井道之间无法直接通过正常对话的方式进行联络时，在轿厢和机房之间应设置对讲系统或类似装置。上述装置应配备停电时使用的紧急电源。

 工作步骤

步骤一：实训准备

由指导教师对电梯的使用与管理规定作简单介绍。

步骤二：电梯使用学习

学生以 3~6 人为一组，在指导教师的带领下使用电梯的各个部分，了解各部分的功能作用，并认真阅读《电梯使用管理规定》或《乘梯须知》等，能正确使用电梯。然后根据所乘用电梯的情况，将学习情况记录于表 2-1 中（可自行设计记录表格，下同）。

表 2-1　电梯使用学习记录

序号	学 习 内 容	相 关 记 录
1	识读电梯的铭牌	
2	电梯的额定载重量	
3	电梯的安全使用要求	
4	其他记录	

> 注意：操作过程要注意安全（如进出轿厢的安全）。

步骤三：总结和讨论

学生分组讨论：

1）电梯使用的结果与记录。

2）口述所观察电梯的基本组成和操作方法；再交换角色，反复进行。

3）进行小组互评（叙述和记录的情况）。

 阅读材料

阅读材料2.1　电梯火灾应急救援方法

一、通则

1) 应急救援小组成员应在4人以上，均应持有特种设备主管部门颁发的《特种设备作业人员证》。

2) 应急救援设备、工具包括：灭火器、建筑物内的消防栓、水管、水枪、水桶、盘车轮、抱闸扳手、电梯层门钥匙、常用五金工具、照明器材、通信设备、单位内部应急组织通讯录、安全防护用具、手砂轮/切割设备、撬杠、警示牌等。

3) 在救援的同时要保证自身安全。

4) 发现火灾的人员应立即向电梯管理单位报警，同时拨打"119"向消防部门报警。

5) 电梯管理单位向电梯维修单位发布应急救援信息；并发布通告，提示建筑物内的人员：严禁进入电梯轿厢，否则可能造成生命危险。

二、电梯服务的楼层发生火灾时的应急处理措施

1) 当大楼发生火时，底层大楼的值班人员或电梯管理人员应立即拨动消防开关，无论电梯处于何种运行状态，均应立即返回基站，开门将乘客疏散，并将情况报告管理机构负责人。

2) 设法使乘客保持镇静，组织疏导乘客离开。将电梯置于"停止运行"状态，关闭层门并切断总电源。

3) 对于有消防功能的电梯，应由消防人员确定消防装置是否可以使用。如必须使用，则可通过打碎电梯基站消防面板的玻璃，拨动消防开关，或用专业钥匙将安装于底层召唤按钮箱上或电梯轿厢操纵箱上标有"紧急消防运行"字样的钥匙开关接通启用电梯消防专用功能。对于无此功能的电梯，应立即将电梯直驶到首层，并切断电源，或将电梯停于火灾尚未蔓延的楼层。

4) 如果是相邻建筑发生火灾，应立即停梯，以免因火灾造成停电而发生电梯困人事故。

三、电梯井道或轿厢内发生火灾时的应急处理措施

1. 灭火

1) 优先对电梯轿厢、机房、层门周边、井道内的火灾进行扑灭。

2) 对疏散撤离通道上的火灾进行扑灭。

2. 疏散电梯乘客

1) 首先对电梯及电梯轿厢内的情况进行了解。

电梯及电梯轿厢内情况一般可分为五种：

① 空载电梯：电梯轿厢内没有乘客。

② Ⅰ类疏散撤离电梯：电梯轿厢内有乘客，同时电梯可以继续运行。

③ Ⅱ类疏散撤离电梯：具有消防功能的电梯厢内有乘客，同时电梯可以继续运行。

④ Ⅲ类疏散撤离电梯：电梯轿厢内有乘客，但电梯不可以继续运行。

⑤ 消防电梯：建筑物发生火灾时专供消防人员使用的电梯。

了解电梯及电梯轿厢内情况的方法：

① 利用电梯轿厢内的视频监视系统了解电梯及电梯轿厢内的情况。

② 利用电梯轿厢内的紧急报警装置了解电梯及电梯轿厢内的情况。

③ 救援人员敲打电梯层门，直接与电梯轿厢内的人员取得联系，从而了解电梯及电梯轿厢内的情况。

2）将电梯置于非服务状态，防止人员进入电梯轿厢。如为消防员电梯，则使电梯返回消防服务通道层，供消防人员使用。

3）将 3 类疏散撤离电梯的信息向电梯维修单位的应急救援人员或消防人员通报。

4）Ⅰ类疏散撤离电梯乘客的撤离。

① 告知电梯轿厢内的人员：救援活动开始，提示轿厢内的人员配合疏散撤离活动。

② 指挥轿厢内的人员将电梯停靠在安全的层站后开启电梯层门/轿门，将乘客疏散。

③ 如果无法完成救援活动，可向消防人员请求支援。

5）Ⅱ类疏散撤离电梯乘客的撤离：

① 在首层电梯层门侧上方，将电梯的消防开关（见图 2-1）置于消防状态，电梯返回首层后，将乘客疏散。

a) 消防开关　　　　　　　　b) 将消防开关置于消防状态

图 2-1　检查电梯消防开关

② 通过附加的外部控制设备使消防员电梯自动返回消防服务通道层，将乘客疏散。

③ 如果无法完成救援活动，可向消防人员请求支援。

6）Ⅲ类疏散撤离电梯乘客的撤离（适用于曳引式垂直升降电梯、液压电梯）。

① 告知电梯轿厢内的人员：救援活动已经开始，提示电梯轿厢内的人员配合救援活动，不要扒门，不要试图离开轿厢。

② 切断电梯主电源。

③ 确认电梯轿厢、对重所在的位置，选择电梯准备停靠的层站。

④ 如果无法完成救援活动时，可向消防人员请求支援。

3. 填写《应急救援记录》，存档

阅读材料

阅读材料2.2 触电急救常识

众多的触电抢救实例表明，触电急救对于减少触电伤亡是一种行之有效的方法。人触电后，往往会失去知觉或者出现假死，此时，触电者能否被救治，关键在于救护者是否及时采取正确的救护方法。当发生人身触电事故时，应该首先采取以下措施。

1）尽快使触电者脱离电源。如在事故现场附近，应迅速拉下开关或拔出插头，以切断电源；如距离事故现场较远，应立即通知相关部门停电，同时使用带有绝缘手柄的钢丝钳等切断电源，或者使用干燥的木棒、竹竿等绝缘物将电源移掉，从而使触电者迅速脱离电源。如果触电者身处高处，应考虑到其脱离电源后有坠落、摔跌的可能，所以应同时做好防止人员摔伤的安全措施。如果事故发生在夜间，应准备好临时照明工具。

2）当触电者脱离电源后，将触电者移至通风干燥的地方，在等待医务人员前来救护的同时，还应实施现场检查和抢救。首先，使触电者仰天平卧，松开其衣服和裤带；检查瞳孔是否放大，呼吸和心跳是否存在；再根据触电者的具体情况采取相应的急救措施。对于没有失去知觉的触电者，应对其进行安抚，使其保持安静；对触电后精神失常的，应防止其发生突然狂奔的现象。

3）急救方法。

① 对失去知觉的触电者，若呼吸不齐、微弱或呼吸停止而有心跳的，应采用口对口人工呼吸法进行抢救。具体方法是：先使触电者的头偏向一侧，清除其口中的血块、痰液或口沫，取出口中义齿等杂物，使其呼吸道保持畅通；施救者深吸一口气，捏紧触电者的鼻子，大口地向触电者口中吹气，然后放松鼻子，使之自行呼气，每5s一次，重复进行，在触电者苏醒之前，不可间断。操作方法如图2-2所示。

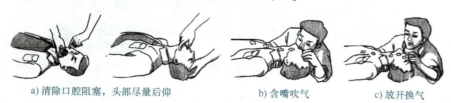

a) 清除口腔阻塞，头部尽量后仰　　b) 含嘴吹气　　c) 放开换气

图2-2 口对口人工呼吸法

② 对有呼吸而心脏跳动微弱、不规则或心跳已停的触电者，应采用胸外心脏按压法进行抢救。先使触电者头部后仰，急救者跪跨在触电者臀部位置，右手掌置放在触电者的胸上，左手掌压在右手掌上，向下按压3～4cm后，突然放松。按压和放松动作要有节奏，每秒1次（儿童两秒3次）为宜，按压位应准确，用力应适当，用力过猛会造成触电者内伤，用力过小则无效。对儿童进行抢救时，应适当减小按压力度，在触电者苏醒之前不可中断。操作方法如图2-3所示。

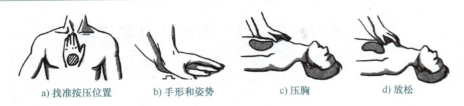

a) 找准按压位置　　b) 手形和姿势　　c) 压胸　　d) 放松

图 2-3　胸外心脏按压法

③ 对于呼吸与心跳都停止的触电者的急救，应该同时采用口对口人工呼吸法和胸外心脏按压法。如急救者只有一人，每做 20 次心脏按压，再做 3 次人工呼吸，交替进行。

 阅读材料

阅读材料2.3　乘坐自动扶梯注意事项

1）乘坐自动扶梯时，乘客应面朝扶梯的运行方向站立，手握住扶梯的扶手，如图2-4所示。

2）乘坐自动扶梯时，脚应站在梯级踏板四周黄线以内，防止自动扶梯运行中发生人身事故。

3）乘坐自动扶梯时，身体和各个部位（特别是头和手）不要伸出扶梯外，防止在自动扶梯运行过程中被碰伤。

4）不要在自动扶梯上用手推车运送货物；不可推婴儿车直接上自动扶梯。

5）不要在自动扶梯上行走，更不要在已经停驶的自动扶梯上行走。

① 在自动扶梯上行走（特别是在运行中的自动扶梯上行走）十分危险，因为办公和住宅楼楼梯的梯级高度为 15～16cm，阶距为 30～31cm，楼梯角度约为 27°；

图 2-4　正确乘坐自动扶梯

而扶梯的梯级高度一般为 21cm，倾斜角度为 30°～35°。人在高梯度、高倾斜度的扶梯上行走可能不习惯，容易踏空或者脚抬不到位而绊倒跌倒。此外，在行走的过程中也容易因挤碰其他乘客而发生意外。

② 另外，在自动扶梯上行走（以及过去长期宣传的"左行右立"习惯）会造成自动扶梯受力不均匀和加速磨损，影响自动扶梯的使用寿命。

因此，应改变人们在自动扶梯上"左行右立"的习惯，不要在行驶或停驶的自动扶梯上走动（如果赶时间应走楼梯）；乘坐自动扶梯时应均匀站立，扶好站稳。

学习任务 2.2 电梯的日常管理

基础知识

一、电梯日常管理制度

1）电梯作业人员守则。

2）电梯安全管理和作业人员职责。

3）电梯司机安全操作规程。

4）电梯日常检查和维护安全操作规程。

5）电梯日常检查制度。

6）电梯维修保养制度。

7）定期报检制度。

8）作业人员及相关运营服务人员的培训考核制度。

9）意外事件和事故的紧急救援预案与应急救援演习制度。

10）安全技术档案管理制度。

二、电梯日常管理措施

1. 日常工作中电梯的管理措施

1）巡视时要检查电梯轿门和每层层门地坎有无异物。

2）每天上班时用清洁软质棉布（最好是 VCD 擦拭头）轻拭光幕。

3）如发现有小孩在随意操作电梯，要立即劝阻并让其离开。

4）当有小孩一起乘电梯时，要特别注意，避免引起意外事故。

5）发现有人连续按呼梯按钮时，要告知其正确的使用方法：只要按钮灯亮，就表示指令已经输入，不需要重复按，例如，要下行，只需按下行的按钮即可，如果上、下行按钮都按反，而会影响电梯使用效率。

6）当有较多乘客要同时乘电梯时，要上前按住梯门安全挡板或挡住光幕，也可按住上行（或下行）按钮，待所有乘客完全进入电梯后，电梯司机再进入。

7）提醒乘客乘坐电梯时不要靠紧轿门。

2. 电梯发生故障时的管理措施

1）发现电梯在开、关门或上、下运行中有异常声音、气味，应立即停止使用或就近停靠后停用，并通知维修人员。

2）如果发现电梯不能正常运行，要立即停用（停用方法：打开操纵箱，按下急停按钮）。

3）在每次停止使用前，都要检查轿厢内是否有乘客。

4）在电梯层门口布置人员，如果乘客携带重物要协助搬运。

3. 电梯维修保养时的管理措施

1）在电梯层门口设置告示牌。

2）在电梯层门口布置人员，如果乘客携带重物要协助搬运。

三、电梯应急管理

1. 电梯突然停电时的处理方法

1）迅速检查电梯内是否有人。

2）如果困人，迅速启动"电梯困人应急救援程序"。

3）在完成检查或救人后，要在电梯层门口设置告示牌。

4）在电梯层门口布置人员，如果乘客携带重物要协助搬运。

2. 电梯突然停止运行时的处理方法

1）通知电梯维修人员。

2）迅速检查电梯中是否困人。

3）如果困人，迅速启动"电梯困人应急救援程序"。

4）在完成检查或救人后，要在电梯层门口布置人员，如果乘客携带重物要协助搬运。

3. 电梯井道进水的处理方法（分为两种情况）

（1）电梯已经进水，且停在某层不动

1）迅速检查电梯是否困人，同时通知维修人员。

2）如果困人，迅速启动"电梯困人应急救援程序"。

3）到机房关闭电源。

4）将电梯通过手动的方式盘到比进水层高的地方。

5）阻止水继续进入电梯，清扫层门口的积水。

6）在电梯层门口设置告示牌，等待修理。

7）在电梯层门口布置人员，如果乘客携带重物要协助搬运。

（2）电梯刚进水，而且还在继续进水

1）迅速将电梯开至所能到达的最高楼层，并按下急停按钮。

2）到机房切断电源，通知维修人员。

3）阻止水继续进入电梯，切断水源。

4）在电梯层门口设置告示牌，等待维修人员检修。

5）在电梯层门口布置人员，如果乘客携带重物要协助搬运。

4. 电梯底坑进水的处理方法

1）当底坑区域存在漏电危险时，决不允许人员进入有积水或潮湿的底坑。工作人员进行检查或实施工作之前，必须将积水清理干净或将电源切断并挂牌上锁。

2）首先通知用户，设护栏，确定轿厢内无人后，切断主电源。当底坑出现少量进水或渗水时，应将电梯停在二层以上，停止运行，断开总电源。

3）当楼层发生水淹而使井道或底坑进水时，应将轿厢停于进水层的上两层，停梯断电以防轿厢进水。

4）当底坑井道或机房进水很多时，应立即停梯，断开总电源开关，防止发生短路、触电事故。

5）清除积水。若水是从底层层门口流入，则应将底坑积水抽干；若是从井道处渗入，则需查明水源，堵住漏洞，配合用户将积水抽干。

6）对已浸水的电梯应采取如擦拭、热风吹干、自然通风、更换线管等方法进行除湿处理。若有电气设备浸过水，要先测量绝缘电阻，并视具体情况考虑更换元器件。

7）在确认浸水已消除、绝缘电阻符合要求并经试梯无异常后，方可投入运行。对于计算机控制的电梯，更需仔细检查，以免烧毁电路板。

8）事后要详细填写检查报告，对浸水原因、处理方法、防范措施记录清楚并存档。

5. 台风季节、暴雨季节电梯的管理

1）检查楼梯口所有的窗户是否完好、关闭。

2）将备用电梯开到顶层，停止使用，并关闭电源。

3）检查机房门窗及顶层是否渗水，如果渗水，要迅速通知管理处。

4）如果只有一台电梯，要加强巡逻次数，当发现某处地方渗水，影响电梯的正常使用时，也要将此电梯停止使用时，并关闭电源。

6. 火灾情况下的电梯管理

1）按下 1 楼电梯层门口的消防按钮，电梯会自动停到 1 楼，打开电梯门并停止使用。

2）当发现电梯消防按钮失灵时，用钥匙将 1 楼的电梯电源锁从 ON 的位置转到 OFF 位置，电梯也会自动停到 1 楼，打开操纵箱盖，按下停止按钮。

3）告诫用户在火灾发生时不要使用电梯。

四、电梯机房管理规定

1）电梯机房应保持清洁、干燥，并设有效果较好的通风或降温设备。

2）机房温度应控制在 5～40℃（建议温度控制在 30℃左右）且保持空气流通，以使机房内温度均匀。

3）机房门或至机房的通道应单独设置，且保证上锁，并加贴"机房重地，闲人莫入"字样。

4）机房内要设置相应的电气类灭火器材。

5）应急工具应齐全有效且摆放整齐。

6）机房管理作为电梯日常管理的重要组成部分，应由专人负责落实。

7）各类标识应清楚、齐全、真实。

五、专用钥匙管理使用要求

1）通常电梯专用钥匙有四种，即机房钥匙、电梯钥匙、操纵盒钥匙及开启层门的机械钥匙。管理使用要求如下。

① 各种钥匙应由专人保管和使用，相关手续应齐全。

② 各种钥匙应有标识，标识应耐磨。

③ 开启层门的钥匙，只有取得电梯上岗资格证书的人员才能使用。

④ 电梯司机使用的钥匙，应由安全管理人员根据工作需要发放。

⑤ 电梯备用钥匙应统一放置，由专人保管。

⑥ 建立领用电梯钥匙档案。

⑦ 电梯钥匙不许外借或私自配制，如不慎丢失，应及时上报。

⑧ 单位人员变动时，应办理钥匙交接手续，且有文字记录和双方签字。

⑨ 更换维修保养或管理单位时，应办理交接手续并做好交接记录。

2）层门机械钥匙的正确使用方法。

① 打开层门时，应先确认轿厢位置；防止轿厢不在本层，造成踏空坠落事故。

② 打开层门口的照明，清除各种杂物，并注意周围不得有其他无关人员。

③ 把层门机械钥匙插入开锁孔，确认开锁的方向。

④ 操作人员应站好，保持重心，然后按开锁方向缓慢开锁。

⑤ 门锁打开后，先把层门推开一条约 100mm 宽的缝，取下层门机械钥匙，观察井道内的情况，特别应注意此时层门不能一下开得太大。

 **工作步骤**

步骤一：实训准备

由指导教师对电梯的日常管理规定作简单介绍。

步骤二：电梯管理学习

1）学生以 3～6 人为一组，在指导教师的带领下了解电梯的日常管理要求，并认真阅读电梯日常管理的有关规定等。然后根据所乘用电梯的情况，将学习情况记录于表 2-2 中。

表 2-2　电梯管理学习记录

序号	学 习 内 容	相 关 记 录
1	电梯的日常管理规定和要求	
2	模拟处理电梯异常情况的过程记录	
3	其他记录	

2）可分组在教师指导下模拟电梯故障（如井道进水），停止运行并进行处理。

3）操作过程要注意安全。

步骤三：总结和讨论

学生分组讨论：

1）电梯管理的结果与记录。

2）口述所观察的电梯模拟故障时停止运行并进行处理的方法；再交换角色，反复进行。

3）进行小组互评（叙述和记录的情况）。

 评价反馈

（一）自我评价（40 分）

由学生根据学习任务完成情况进行自我评价，将评分值记录于表 2-3 中。

表 2-3　自我评价

学习任务	项目内容	配分	评 分 标 准	扣分	得分
学习任务 2.1、2.2	1. 参观时的纪律和学习态度	60 分	根据参观时的纪律和学习态度给分		
	2. 观察结果记录	40 分	根据表 2-1、表 2-2 的观察结果记录是否正确和详细给分		
			总评分 =（1、2 项总分）×40%		

签名：_____　_____年___月___日

（二）小组评价（30分）

由同一实训小组的同学结合自评的情况进行互评，将评分值记录于表2-4中。

表2-4　小组评价

项 目 内 容	配　分	评　分
1. 实训记录与自我评价情况	30分	
2. 相互帮助与协作能力	30分	
3. 安全、质量意识与责任心	40分	

总评分＝（1～3项总分）×30%

参加评价人员签名：_____　_____年____月____日

（三）教师评价（30分）

由指导教师结合自评与互评的结果进行综合评价，并将评价意见与评分值记录于表2-5中。

表2-5　教师评价

教师总体评价意见：	
教师评分（30分）	
总评分＝自我评分＋小组评分＋教师评分	

教师签名：_____　_____年____月____日

阅读材料

阅读材料2.4　特种设备（电梯）使用规范管理要求

　　为了帮助和指导特种设备（电梯）使用单位实施和增强电梯安全管理，改善电梯使用单位安全管理现状，提高电梯安全管理水平，落实特种设备有关法律法规，现对电梯使用单位的有关资料和设备现场的规范管理作如下要求。

一、资料管理

档案盒1：管理制度

1. 特种设备（电梯）管理制度

使用单位应至少制定如下安全管理制度，由使用单位盖章发布实施并有效落实。

1）安全生产责任制度。

2）安全教育、培训制度。

3）日常维护保养管理制度。

4）安全生产会议制度。

5）相关文件和记录的管理制度。

6）应急救援制度。

7）事故处理制度。

8）定期检验申报制度。

9）定期自查及隐患整改制度。

2. 特种设备（电梯）安全管理机构任命书

应设置特种设备（电梯）安全管理机构。

3. 特种设备（电梯）安全管理人员任命书

应任命专职或兼职的安全管理人员，管理人员必须取得有电梯安全管理项目的特种设备作业人员证书。

4. 设备操作规程

应根据电梯相关的法律、法规、安全技术规范的要求，编制各岗位安全操作规程。

档案盒2：设备、人员台账

1. 作业人员台账

建立特种设备作业人员台账。

2. 设备台账

建立特种设备台账。

3. 作业人员证件

特种设备操作人员及管理人员，必须取得质监部门发的特种设备作业人员证书，并经用人单位的法定代表人聘用后，在证书聘用登记记录栏注明聘用起止日期，并由使用单位法人或负责人签名、盖章（使用单位公章）方可在许可项目范围内从事相应作业和管理工作。

档案盒3：安全会议及教育培训记录

1. 安全会议记录

电梯使用单位主要负责人至少应每半年召开一次安全会议，督促检查电梯安全使用工作。

2. 教育培训记录

安全生产教育培训的主要内容是：特种设备安全生产新知识、新技术，特种设备安全生产法律法规，作业场所和工作岗位存在的危险源，防范措施及事故应急措施，事故案例等。作业人员的培训应有书面记录并经被培训人员签字确认。

档案盒4：应急救援

1）事故应急救援预案。

2）每年事故应急救援演练记录。

档案盒5：特种设备法律法规

1）特种设备有关法规、安全技术规范和政府有关文件。

2）质监局检查记录。

档案盒6：维保合同

电梯维护保养合同。

此外，使用单位还应对所有电梯逐台建立设备档案，主要内容包括以下几方面。

1）电梯的设计文件、制造单位、产品质量合格证明、使用维护说明等文件以及安装技术文件和资料。

2）定期检验和定期自行检查的记录。

3）日常使用状况记录。

4）安全附件、安全保护装置、测量调控装置及有关附属仪器仪表的日常维护保养记录。

5）运行故障和事故记录。

6）使用登记证书。

二、设备现场管理

1）在设备显著位置喷涂、粘贴或悬挂特种设备使用登记证编号。

2）在机房现场悬挂操作规程。

3）电梯轿厢内应张贴最新检验合格标志。

4）重点监控设备现场应悬挂重点监控设备标示牌。

 阅读材料

阅读材料2.5　事故案例分析（二）

1. 事故经过

一部住宅客梯因控制系统故障突然停在 6 层和 7 层之间，司机将轿门扒开后，又将 6 层层门联锁装置人为脱开，发现轿厢停在距离 6 层地面上方约 950mm 的地方。乘客急着要离开轿厢，年轻人纷纷跳离轿厢。妇女和老人觉得轿厢地面与 6 层地面离得太高不敢跳。这时有人拿来一个小圆凳放在轿厢外的 6 层层门处，让乘客踩着凳子离开轿厢下到地面上。一位中年女乘客面朝轿厢，一只脚踏在了凳子靠近轿厢的一侧，致使凳子向轿厢侧倾倒。由于女乘客的身体重心偏向轿厢一侧，随着凳子的翻倒，她整个人从轿厢地坎下端与 6 层地坎之间的空隙处跌入井道，摔在底坑坚硬的水泥地上，造成女乘客头部粉碎性骨折，身体多处损伤，昏迷不醒。当即送往附近医院抢救，因伤势太重抢救无效死亡。

2. 事故原因分析

1）设备存在安全隐患是造成事故的主要原因。该电梯是 20 世纪 70 年代生产的交流双速客梯，该梯轿厢地坎下侧未装护脚板。当轿厢停在 6 层和 7 层之间时，轿厢地坎下侧距层门地坎之间有 950mm 的空隙，有致人坠入井道的危险。

2）电梯司机和乘客缺乏安全意识。也许乘客从未遇到过这种情况，但电梯司机应当意识到此时离开轿厢是危险的，应当阻止乘客的不安全行为，对乘客进行安抚的同时与有关人员联系等待救援。

3）对设备管理不善，对操作人员管理不严。电梯没有护脚板已有很长时间，有关检测部门曾提出过整改意见，但未能引起重视。电梯司机未能对现场状况做出正确反应。

3. 预防措施

1）加强管理，及时发现和消除设备隐患，装设合格的护脚板，其宽度应为轿厢宽度，高度应不小于 750mm。

2）该事故中，电梯在轿厢地坎与层门地坎之间存在可以致人坠入井道的间隙（超过600mm），司机应安抚乘客，同时与维修人员联系等待救援，盘车到平层后再疏散乘客。

3）加强安全教育，学习有关标准。

项目小结

本项目主要介绍电梯的安全使用和管理。

1）在使用电梯过程中，人身和设备安全是至关重要的。

2）要加强对电梯的管理，建立并坚持贯彻切实可行的规章制度。

3）电梯操作人员须经安全技术培训，并考试合格，取得国家统一格式的特种设备作业人员资格证书，方可上岗，无特种设备作业资格证人员不得操作电梯。

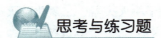

思考与练习题

2-1　填空题

1. 有司机控制的电梯必须配备_____，无司机控制的电梯必须配_____。

2. 电梯的检修运行状态是只能由经过专业培训并_____的人员才能操作电梯的运行状态。电梯处于检修运行状态时，控制回路中所有____环节和自动开关门的____环节被切断，电梯只能____上行或下行。

3. 电梯检修运行时，维修人员一般应不少于_____人。

4. 开启层门的钥匙，只有_____人员才能使用。

5. 当发生火灾或遇到地震时，_____使用电梯。

2-2　选择题

1. 在电梯检修运行时，必须是经过专业培训的（　　　）人员方可进行。

A. 电梯司机　　　　B. 电梯维修　　　　C. 电梯管理

2. 在轿顶检修电梯过程中，应严格执行（　　）制度。

A. 上下班　　　　B. 作息　　　　　　C. 应答　　　　　　D. 保安

3. 检修开关应设置在（　　）并且必须保证此处的检修开关"优先"，即当此处的检修开关处于"检修"位置时，其他地方的检修运行装置应全部暂时失效。

A. 机房　　　　　B. 轿底　　　　　　C. 轿厢内　　　　　D. 轿顶

4. 电梯的运行是程序化的，通常电梯都具有（　　　）。

A. 有司机运行一种状态

B. 有司机运行和无司机运行两种状态

C. 有司机运行、无司机运行和检修运行三种状态

D. 有司机运行、无司机运行、检修运行和消防运行四种状态

5. 司机在开启电梯层门进入轿厢之前，务必验证轿厢是否（　　）。

A. 停在该层　　　　　　　　　　　B. 停在任意层

C. 平层　　　　　　　　　　　　　D. 停在该层及平层误差情况

6. 电梯出现困人（关人）情况时，首先应做的是（　　）。

A. 与轿厢内人员取得联系　　　　　B. 通知维修人员

C. 通知管理人员　　　　　　　　　D. 自行处理

7. 当底坑出现少量进水或渗水时，应将电梯停在（　　），停止运行，断开总电源。

A. 基站　　　　　B. 顶层　　　　　C. 二层　　　　　D. 二层以上

8. 电梯停在某一层站，轿厢进入后，操纵盘上的红灯亮，不关门、不走，此状态被称为（　　）。

A. 满载　　　　　B. 超载　　　　　C. 故障　　　　　D. 检修

9. 排除电梯故障应有（　　）人以上配合工作。

A. 2　　　　　　B. 3　　　　　　C. 4　　　　　　D. 5

10. 电梯安装施工工地应配备干粉灭火器、二氧化碳灭火器或（　　）。

A. 水桶　　　　　B. 泡沫灭器　　　C. 沙箱　　　　　D. 机油

11. 乘坐电梯应（　　）。

A. 先进后出　　　B. 先出后进　　　C. 同时进出　　　D. 随意

2-3　判断题

1. 只要有把握，可以短接层门门锁等安全装置进行检修运行。（　　）

2. 在轿顶检修运行时，一般不少于两人。（　　）

3. 电梯司机或电梯管理人员在每日开始工作前，试运行电梯无异常现象后方可将电梯投入使用。（　　）

4. 只要下班时间到，就可以将登记的信号取消掉，锁梯下班。（　　）

5. 电梯出现故障困人时，应强行扒开轿门逃生，避免发生安全事故。（　　）

2-4　学习记录与分析

分析表2-1、表2-2中记录的内容，小结学习电梯安全使用和管理的主要收获与体会。

2-5　试叙述对本项目与实训操作的认识、收获与体会。

项目3 电梯机械系统的维修

 **项目分析**

本项目主要学习电梯机械系统的维修，共5个学习任务。通过完成对平层装置、开关门机构和机械安全保护装置的故障诊断与排除，使学生学会电梯常见机械故障的诊断与排除方法，能按照电梯安装与验收的规范、标准完成指定的工作任务。

本项目基本涵盖了电梯常见的机械故障，通过本项目学习，可使学生逐步掌握电梯维修的基本规律、工作方法与操作要领，以达到举一反三、触类旁通的目的。因此，本项目是电梯专业教学的核心内容之一。

 建议学时

建议学习本项目所用学时为20~24学时。

 学习目标

应知

掌握电梯机械系统的组成、构造和基本工作原理。

应会

1）熟悉电梯机械系统各部件的安装位置和动作过程。

2）熟悉机械故障的类型，学会电梯常见机械故障的诊断与排除方法。

 预备知识

电梯机械系统的故障

电梯的机械系统主要包括：曳引系统、轿厢系统、门系统、导向和重量平衡系统及安全保护装置等部分。

1. 电梯机械系统产生故障的原因

相对电梯的电气系统而言，电梯机械系统的故障较少，但是一旦发生故障，则可能会造成较长时间的停机，甚至会造成设备和人身事故。电梯机械系统常见故障的原因主要有以下几个方面。

（1）连接件松脱引起的故障

电梯在长期不间断运行的过程中，由于振动等原因造成紧固件松动或松脱，使机械发生位移、脱落或失去原有精度，从而造成磨损、碰坏电梯机件而造成故障。

（2）自然磨损引起的故障

机械部件在运转过程中必然会产生磨损，当磨损到一定程度后，必须更换新的部件，所以电梯运行一定时间后应进行大检修，提前更换一些易损件，不能等出了故障再更新，那样就会造成事故或不必要的经济损失。平时日常维修中只要及时地调整、保养，电梯就能正常运行。如果不能及时发现滑动、滚轮运转部件的磨损情况并加以调整，就会加速机械部件的磨损，从而造成机件磨损报废，造成故障或事故。如钢丝绳磨损到一定程度必须及时更换，否则会造成轿厢坠落的重大事故。各种运转轴承等都是易磨损件，必须定期更换。

（3）润滑系统引起的故障

润滑的作用是减少摩擦力、减少磨损，延长机械寿命，同时还起到冷却、防锈、减振、缓冲等作用。若润滑油太少、质量太差、品种不对号或润滑不当，则会造成机械部分的过热、烧伤、抱轴或损坏。

（4）机械部件疲劳引起的故障

某些机械部件长时间受到弯曲、剪切等应力，会产生机械疲劳现象，导致机械强度塑性减小。某些零部件受力超过强度极限后，会产生断裂，造成机械事故或故障。如钢丝绳长时间受到拉应力，又受到弯曲应力，还会受到磨损，更严重的是受力不均。若某股绳因受力过大首先断裂，便增加了其余绳股的受力强度，若发生连锁反应，则绳股一一断裂，直至全部断裂，从而引发重大事故。

从以上分析可知，只要做好日常维护保养工作，定期润滑电梯有关部件及检查有关紧固件的情况，调整机件的工作间隙，就可以大大减少机械系统故障的概率。

2. 电梯机械故障的检查方法

电梯发生机械故障时，在设备的运行过程中会产生一些迹象，维修人员可通过这些迹象发现设备的故障点。机械故障迹象的主要表现有以下几点。

（1）振动异常

振动是机械运动的属性之一，发现不正常的振动往往是测定设备故障的有效手段。

（2）声响异常

在机械运转过程中，正常状态下发出的声响应是均匀与轻微的。当设备在正常工况条件下发出杂乱而沉重的声响时，表明设备出现了异常。

（3）过热现象

工作中，常常发生电动机、制动器、轴承等部位超出正常工作状态的温度变化。如不及时发现与排除，将引起机件烧毁等事故。

（4）磨损残余物的增加

通过观察轴承等零件的磨损残余物，并定量测定油样等样本中磨损微粒的多少，即可确定机件磨损的程度。

（5）裂纹的扩展

通过机械零件表面或内部缺陷（包括焊接、铸、锻造等）的变化趋势，特别是裂纹缺陷的变化趋势，可判断机械故障的程度，并对机件强度进行评估。

因此，发生机械故障后，电梯维修人员应首先向电梯使用者了解发生故障的情况和现象，到现场观察电梯设备的状况。如果电梯还可以运行，可进入轿顶（内）用检修速度控制电梯上、下运行数次，通过观察、听声、鼻闻、手摸等方法实地分析，从而判断故障发生的准确部位。

故障部位一旦确定，则可与修理其他机械设备一样，按有关技术文件的要求仔细地对出现故障的部件进行拆卸、清洗、检测。能修复的，应修复使用；不能修复的，则更新部件。无论是修复还是更新部件，都必须认真调试并经试运行后，方可再次使用。

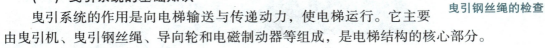

学习任务3.1 电梯曳引系统的维修

 基础知识

电梯的曳引系统

（一）曳引系统的基础知识

曳引钢丝绳的检查

曳引系统的作用是向电梯输送与传递动力，使电梯运行。它主要由曳引机、曳引钢丝绳、导向轮和电磁制动器等组成，是电梯结构的核心部分。

1. 曳引机

曳引机是电梯的动力部分，其功能是输送和传递动力。它主要包括电动机、制动器和曳引轮等，并通过曳引钢丝绳和曳引轮槽的摩擦力驱动或停止电梯。

2. 曳引钢丝绳

曳引钢丝绳是一种连接轿厢和对重装置，并靠与曳引轮槽的摩擦力驱动轿厢升降的专用钢丝绳。

3. 导向轮

导向轮是为增大轿厢与对重曳引轮之间的距离，使曳引钢丝绳经曳引轮再导至对重装置或轿厢一侧而设置的绳轮。

4. 电磁制动器

电磁制动器安装在电动机轴与蜗杆轴的连接处，其作用是使电梯轿厢准确停靠，在电梯停止时不会因为轿厢和对重差重而产生滑移。

为了提高电梯的安全可靠性和平层准确度，在电梯的曳引机上一般装有电磁式直流制动器。该制动器主要由直流抱闸线圈、闸瓦、制动臂、制动轮和制动弹簧等构成。

有齿轮曳引机采用带制动轮的联轴器。无齿轮曳引机的制动轮直接与曳引绳轮铸成一体，并直接安装在曳引电动机轴上。

电磁制动器是电梯机械系统的主要安全装置之一，直接影响着电梯的乘坐舒适感和平层准确度。电梯在运行过程中，根据乘坐舒适感和平层准确度，可适当调整制动器在电梯起动时松闸和平层停靠时松闸的时间，以及制动力矩的大小等。

为了减小制动器抱闸、松闸的时间和噪声，制动器线圈内两块铁心之间的间隙不宜过大。闸瓦与制动轮之间的间隙也是越小越好。一般以松闸后闸瓦不碰擦运转制动中的制动轮为宜。在此仅介绍图3-1所示的无齿轮曳引机的制动器。

（二）电磁制动器的故障维修

1. 电磁制动器的常见故障

电磁制动器维修调试的关键在于空心螺栓和底座螺栓的调节幅度，前提在于对故障的准确判断。

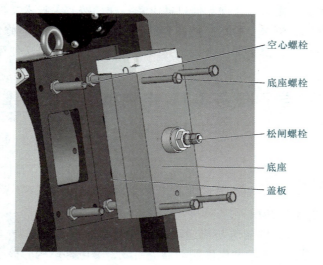

图3-1 制动器的结构

1）闸瓦与转子摩擦。

2）制动噪声大。

3）微动开关不动作。

4）电磁制动器打不开。

以上故障的根源在于电磁制动器制动闸瓦磨损造成间隙过大，电磁制动器运动部件磨损或有杂物卡阻，电磁制动器线圈烧坏等。

2. 电磁制动器维修调整操作要求

电磁制动器维修调整前，必须做好如下工作，教师需严格检查此项工作的可靠性。

1）非专业人员严禁操作。

2）安装、使用及维护保养前，请认真阅读操作手册，在教师监护和指导下完成操作，以免发生设备损坏甚至伤及人员的事故。

3）安装、使用及维护保养过程中，请严格按照规程操作，以确保设备正常及人身安全。

4）调节操作时要注意安全，尽量站在曳引机安装架两侧操作。

5）此处仅介绍了部分零件的调节方法，未说明的部件严禁调节。

注：可要求制造厂商提供电磁制动器维保的工艺要求指导资料。

 工作步骤

步骤一：实训准备

1）实训前，先由指导教师进行安全与规范操作的教育。

2）按照"学习任务1.2"的规范要求做好维保前的准备工作。

步骤二：电磁制动器摩擦片摩擦主机转子的故障维修

1. 检查空心螺栓的紧固情况（顶靠机座表面）

1）空心螺栓无问题则不调整。

2）若空心螺栓没有旋紧则将其旋紧（见图3-2）。

图3-2　旋紧空心螺栓

2. 起动曳引机检查摩擦情况

1）无摩擦现象，调整完成。

2）有摩擦现象，继续调节。

3. 判断产生摩擦的电磁制动器数量

1）单只电磁制动器摩擦。

2）两只电磁制动器摩擦。

4. 根据检查结果对相应的电磁制动器进行调整

1）逆时针轻微转动底座螺栓30°，如图3-3a所示，以达到松动螺栓的效果。

2）然后顺时针旋动空心螺栓，紧贴机座表面，如图3-3b所示。

底座螺栓

空心螺栓

a)　　　　　　　　　　　　　　　　b)

图3-3　电磁制动器的调整

5. 起动曳引机检查摩擦情况

1）无摩擦表明调试成功。

2）有摩擦则查明产生摩擦的电磁制动器。

3）对应电磁制动器重复上述第4步进行调节。

注意:

1) 调节电磁制动器上各类螺栓的幅度要尽量小。

2) 务必调整完一只电磁制动器再调节另一只电磁制动器,切勿两只同时调节。

3) 在调节过程中,要兼顾电磁制动器噪声和微动开关的工作问题。

4) 电磁制动器调整完毕后,每个螺栓都应处于锁紧状态。

步骤三:填写电磁制动器维修记录单

工作结束后,维修保养人员应填写维修记录单(见表3-1)。

表3-1　制动器维修记录单

序号	维 保 内 容	维 保 要 求	完 成 情 况	备 注
1	维保前的工作	准备工具		
2	制动器销轴补充注油			
3	制动器电磁铁心和铜套清洗及更换润滑剂			
4	检查调整制动器闸瓦与制动轮间隙	应符合标准要求		
5	检查制动器电磁线圈	应符合标准要求		

维修保养人员:　　　　　　　　　　　　　　　日期:　　　年　　月　　日

使用单位意见:

使用单位安全管理人员:　　　　　　　　　　　日期:　　　年　　月　　日

注:完成情况(如完好打√,有问题打×,维修时请在备注栏说明)

任务评价

(一)自我评价(40分)

由学生根据学习任务完成情况进行自我评价,将评分值记录于表3-2中。

表3-2　自我评价

学习任务	项目内容	配分	评分标准	扣分	得分
学习任务3.1	1. 安全意识	10分	1. 不按要求穿着工作服、戴安全帽、穿防滑电工鞋(扣1~2分) 2. 在轿顶操作未系好安全带(扣1分) 3. 不按要求进行带电或断电作业(扣1~2分) 4. 在电梯底坑有人时移动轿厢或进入轿顶(扣1分) 5. 不按安全要求规范使用工具(扣1~2分) 6. 其他违反安全操作规范的行为(扣1~2分)		

（续）

学习任务	项 目 内 容	配分	评 分 标 准	扣分	得分
学习 任务3.1	2. 制动器的维修	80 分	1. 维修前工具选择不正确（扣10 分） 2. 维修操作不规范（扣5~30 分） 3. 维修工作未完成（每项扣10 分） 4. 维修记录单填写不正确、不完整（每项扣3~5 分）		
	3. 职业规范和环境保护	10 分	1. 工作过程中，工具和器材摆放凌乱（扣1~2 分） 2. 不爱护设备、工具，不节省材料（扣1~2 分） 3. 工作完成后不清理现场，工作中产生的废弃物不按规定处置，各扣2 分（若将废弃物遗弃在井道内的可扣4 分）		

总评分 = (1~3 项总分) ×40%

签名：_____ _____年____月____日

（二）小组评价（30 分）

由同一实训小组的同学结合自评的情况进行互评，将评分值记录于表3-3 中。

表3-3 小组评价

项 目 内 容	配 分	评 分
1. 实训记录与自我评价情况	30 分	
2. 相互帮助与协作能力	30 分	
3. 安全、质量意识与责任心	40 分	

总评分 = （1~3 项总分）×30%

参加评价人员签名：_____ _____年____月____日

（三）教师评价（30 分）

由指导教师结合自评与互评的结果进行综合评价，并将评价意见与评分值记录于表3-4 中。

表3-4 教师评价

教师总体评价意见：

教师评分（30 分）	
总评分 = 自我评分 + 小组评分 + 教师评分	

教师签名：_____ _____年____月____日

阅读材料

阅读材料3.1 事故案例分析（三）

电梯制动器需更换的闸瓦应该是电梯制动器的专用闸瓦，绝不能用其他闸瓦（如汽车用制动器闸瓦）代替。这是因为两者的材质不同，汽车用的制动器闸瓦较硬，刹车效果不好。2011年，西安市一家电梯专业维修公司在给某台电梯更换制动器闸瓦时采用了汽车制动器闸瓦。当电梯载客尚不足10人（该电梯的额定载重量为1000kg），在某层停靠开门时，在乘客进出轿厢过程中轿厢突然向下溜车，一名女乘客试图用脚阻挡安全触板，被挤压在轿门上坎与层门地坎之间，当场死亡。

 # 学习任务3.2 电梯轿厢系统的维修

 基础知识

电梯的轿厢系统

轿厢与对重维保

一、电梯轿厢系统的基础知识

电梯轿厢是用于装载乘客或货物，方便出入的箱形结构部件，是与乘客或货物直接接触的装置。轿厢主要由轿厢架、轿厢体以及若干其他构件和有关装置组成。

轿厢架是轿厢体的承重构架，由上梁、立柱、下梁和拉条等组成。框架的材质选用槽钢或按要求压成的钢板。上、下梁与立柱之间一般采用螺栓联接，可以拆装，以便进入井道组装。在上、下梁的四角有供安装轿厢导靴和安全钳的平板，在上梁中部下方有供安装轿顶轮或绳头组合装置的安装板，在立柱上（也称侧立柱）留有安装轿厢开关板的支架。

轿厢体是形成轿厢空间的封闭围壁，除必要的出入口和通风孔外不得有其他开口，轿厢体由不易燃、不产生有害气体和烟雾的材料组成。为了乘客的安全和舒适，轿厢入口和内部的净高度不得小于2m，为防止乘客过多而引起超载，轿厢的有效面积必须予以限制。轿厢体形态像一个大箱子，轿厢体由厢底、厢壁、厢顶、轿门及照明、通风装置、轿厢装饰件和轿内操纵按钮板等组成。

本任务主要介绍轿厢系统中平层装置的维修调整。

二、电梯的平层

1. 电梯的平层装置

所谓"平层"，就是在平层区域内使轿厢地坎平面与层门地坎平面平齐。平层装置包括装在轿厢顶部的两个或三个平层感应器（两个为上、下平层感应器，如有三个则中间的是开门区域感应器）以及装在井道导轨支架上的遮光板（或隔磁板，下同）如图3-4所示。当感应器进入隔磁板时，给出电梯轿厢在井道位置的信号，由主板采集，从而控制电梯的起动、加速、额定速度运行、减速和平层停车开门等功能。

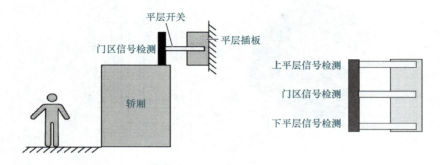

图 3-4　平层装置安装位置示意图

2. 平层过程

现以上平层为例，说明装有三个平层感应器的电梯平层过程。

1）当电梯轿厢上行接近预选的层站时，电梯运行速度由快速减为慢速继续上行，装在轿顶上的上平层感应器先进入隔磁板，此时电梯仍继续慢速上行。

2）接着开门区域感应器进入隔磁板，使开门区域感应器动作，开门继电器吸合，轿门、层门打开。

3）此时轿厢仍然继续慢速上行，当下平层感应器进入隔磁板，轿厢平层停在预选层站。

4）如果电梯轿厢因某种原因超越平层位置，上平层感应器便离开了隔磁板，通过电路控制能够使电梯反向下行再达到平层位置，最后回到准确的平层位置再停止。

3. 平层原理

在电梯主机的轴端都安装有一个旋转编码器，电梯运行时会产生数字脉冲。同时控制系统中还有一个位置脉冲累加器，当电梯上行时，位置脉冲累加器接收编码器发出的脉冲数值增加；当电梯下行时，位置脉冲累加器接收编码器发出的脉冲数值减少。

安装好的电梯必须在正式运行前的调试过程中进行一次电梯层楼基准数据的采集（自学习）。即用一个指令让电梯进入自运行状态，电梯在从最底层向上运行到顶层过程中，当轿厢到达每一层的平层位置时，平层开关都动作。控制系统就记下到达每一层平层开关动作时位置脉冲累加器的数值，作为每一层平层的基准位置数据。

在正常运行过程中，控制系统比较位置脉冲累加器和层站基准位置的数值，就可得到电梯的层站信号，并准确平层。

4. 平层感应器的类型与原理

电梯的平层感应器有永磁感应器和光电感应器两种，现简单介绍如下。

（1）永磁感应器

永磁感应器即干簧管感应器，由 U 形永久磁钢、干簧管、盒体组成，如图 3-5a 所示。其原理是：由 U 形磁钢产生磁场对永磁感应器产生作用，使干簧管内的触点动作，其动合触点闭合、动断触点断开（干簧管内部结构见图 3-5b）。当隔磁板插入 U 形磁钢与干簧管中间的空隙时，由于干簧管失磁，其触点复位（即动合触点断开、动断触点闭合）；当隔磁板离开永磁感应器后，干簧管内的触点又恢复动作。

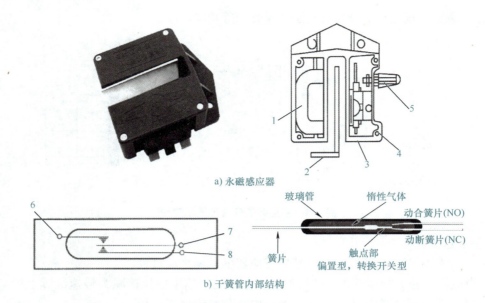

a) 永磁感应器

b) 干簧管内部结构

图 3-5 永磁感应器结构

1—U 形磁钢 2—隔磁板 3—干簧管 4—盒体 5—接线端
6—动合触点 7—切换触点 8—动断触点

（2）光电感应器

目前电梯常用光电感应器取代永磁感应器，二者作用基本相同。如图 3-6 所示，光电感应器的发射器和接收器分别位于 U 形槽的两边，当遮光板插入 U 形槽中时，因光线被遮住而使触点动作。光电感应器较永磁感应器工作可靠，更适用于高速电梯。

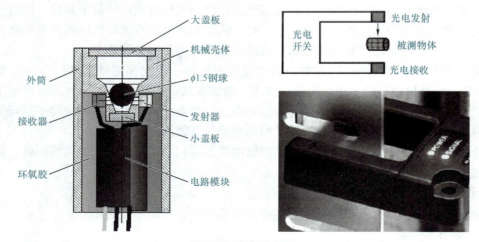

图 3-6 光电感应器

5. 平层装置的安装

平层装置主要包括平层感应器和平层遮光板，其安装如图 3-7 所示。平层感应器一般安装在轿厢顶部的直梁上面（见图 3-7a）；平层遮光板则安装在轿厢导轨支架上，且每层楼均安装一块遮光板（见图 3-7b）。因此平层装置的安装要求是：当电梯平层时，调节遮光板与平层感应器的基准线在同一条直线上，也就是遮光板正好插在感应器的中间，以使轿厢地板与该层的地面相平齐。当遮光板与平层感应器之间间隙不均匀时，应调整准确，如图3-8所示。

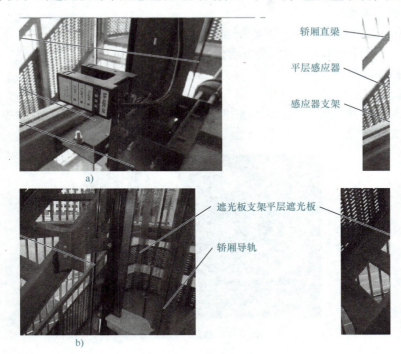

图3-7　平层装置的安装

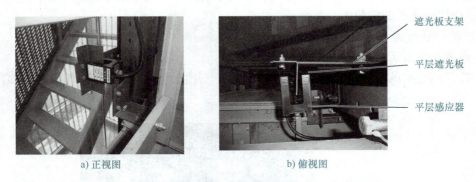

a) 正视图　　　　　　　　　　　　　b) 俯视图

图3-8　电梯平层时传感器的位置

6. 电梯的平层标准

1）根据GB/T 10059—2009《电梯试验方法》

平层准确度：轿厢内分别为轻载和额定载重量，单层、多层和全程上下各运行一次。在开门宽度的中部测量层门地坎上表面与轿门地坎上表面间的垂直高度差。

平层保持精度：轿厢在底层平层位置加载至额定载重量并保持10min后，在开门宽度的中部测量层门地坎上表面与轿门地坎上表面间的垂直高度差。

2）根据GB/T 10058—2009《电梯技术条件》：电梯轿厢的平层准确度宜在±10mm的范围内。平层保持精度宜在±20mm的范围内。

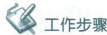
工作步骤

步骤一：实训准备

1）实训前，先由指导教师进行安全与规范操作的教育。

2）按照"学习任务1.2"的规范要求做好维保前的准备工作。

步骤二：排除故障一

1. 故障现象

轿厢停靠某一层站（如一层）时，轿厢地坎明显高于层门地坎，如图3-9所示。在其他层站的停靠无此现象。

轿厢地坎

层门地坎

图3-9　故障一现象

2. 故障分析

轿厢停靠其他层站时均能够准确停靠，说明平层感应器及平层电路均正常，可判定故障是出在该楼层遮光板的定位上。

3. 故障排除过程

1）设置维修警示栏并做好相关安全措施。

2）在开门宽度的中部（下同）测量轿厢地坎与层门地坎的高度差并作记录，如图3-10所示。

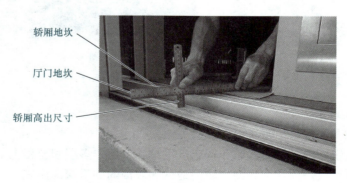

轿厢地坎

厅门地坎

轿厢高出尺寸

图3-10　测量高度差

3）按规范程序进入轿顶，调节该楼层的平层遮光板。因为是轿厢高，所以应把遮光板垂直往下调，下调尺寸就是刚才测量出的数据。调整时，先在遮光板支架的原始位置做个记号，然后用工具把支架固定螺栓拧松2~3圈，用橡胶锤往下敲击遮光板支架达到应要下调的尺寸。注意要垂直下调，而且调整完后要复核支架的水平度，以及遮光板与感应器配合的尺寸要均匀，如图 3-11 所示。

图 3-11　遮光板垂直下调

4）调节完毕后，退出轿顶，恢复电梯的正常运行，验证电梯是否平层，如果还是不平层再微调遮光板直至完全平层，最后紧固支架固定螺栓。

步骤三：排除故障二

1. 故障现象

轿厢在全部层站停靠时轿厢地坎都低于层门地坎。

2. 故障分析

轿厢停靠每层层站时都能停靠但都无法准确平层，说明平层感应器及平层电路均正常，可判定故障出在轿厢平层感应器的位置校调上。

3. 故障排除过程

1）设置维修警示栏并做好相关安全措施。

2）测量轿厢地坎与层门地坎的高度差并作记录。

3）按规范程序进入轿顶，调节轿顶上的平层感应器，因为是轿厢低，所以应把平层感应器垂直往下调，具体下调尺寸就是刚才测量出的数据。调整时，先在平层感应器的原始位置做个记号，然后用工具把平层感应器固定螺栓拧松，用手移动平层感应器，直到达到应下调的尺寸。注意要垂直下调，而且调整完要复核遮光板与感应器配合的尺寸是否均匀，如图 3-12 所示。

图 3-12　感应器下调

4）调节完毕后，退出轿顶，恢复电梯的正常运行，验证电梯是否平层，如果还是不平层再微调感应器，直至完全平层。

步骤四：填写维修记录单

检修工作完成后，维修人员须填写维修记录单，经自己签名并经用户签名确认后方可结束检修工作。电梯维修记录单的格式见表3-5（也可自行设计表格，下同）。

表3-5　电梯维修记录单

用户地址：＿＿＿＿＿＿＿＿＿＿　电梯编号：＿＿节＿＿＿维修时间：＿＿＿年＿＿月＿＿日＿＿时

序　号	故 障 现 象	维 修 记 录
故障1		故障原因： 故障部位： 检查方法： 排除方法：
故障2		故障原因： 故障部位： 检查方法： 排除方法：

维修人员签名：　　　　　　　　　用户签名：

评价反馈

（一）自我评价（40分）

由学生根据学习任务完成情况进行自我评价，评分值记录于表3-6中。

表3-6　自我评价

学习任务	项目内容	配分	评 分 标 准	扣分	得分
学习 任务3.2	1. 安全意识	10分	1. 不按要求穿着工作服、戴安全帽、穿防滑电工鞋（扣1~2分） 2. 在轿顶操作未系好安全带（扣1分） 3. 不按要求进行带电或断电作业（扣1~2分） 4. 不按安全要求规范使用工具（扣1~2分） 5. 其他违反安全操作规范的行为（扣1~2分）		

（续）

学习任务	项目内容	配分	评分标准	扣分	得分
学习任务 3.2	2. 故障一的检修	40 分	1. 故障判断正确，但平层超过 30mm（扣 10 分） 2. 故障判断正确，但调错方向（扣 20 分） 3. 平层准确度大于 10mm 小于 20mm（扣 5 分） 4. 维修记录单内容共 4 项，填写不正确，每项扣 1 分		
	3. 故障二的检修	40 分	1. 故障判断正确，但平层超过 30mm（扣 10 分） 2. 故障判断正确，但调错方向（扣 20 分） 3. 平层准确度大于 10mm 小于 20mm（扣 5 分） 4. 维修记录单内容共 4 项，填写不正确，每项扣 1 分		
	4. 职业规范和环境保护	10 分	1. 工作过程中，工具和器材摆放凌乱（扣 1 ~ 3 分） 2. 不爱护设备、工具，不节省材料（扣 1 ~ 3 分） 3. 工作完成后不清理现场，工作中产生的废弃物不按规定处置，各扣 1 ~ 2 分（若将废弃物遗弃在井道内的可扣 4 分）		

总评分 =（1 ~ 4 项总分）×40%

签名：_____　_____年____月____日

（二）小组评价（30 分）

由同一实训小组的同学结合自评的情况进行互评，将评分值记录于表 3-7 中。

表 3-7　小组评价

项目内容	配　分	评　分
1. 实训记录与自我评价情况	30 分	
2. 相互帮助与协作能力	30 分	
3. 安全、质量意识与责任心	40 分	

总评分 =（1 ~ 3 项总分）×30%

参加评价人员签名：_____　_____年____月____日

（三）教师评价（30 分）

由指导教师结合自评与互评的结果进行综合评价，并将评价意见与评分值记录于表 3-8 中。

表 3-8　教师评价

教师总体评价意见：

教师评分（30 分）	
总评分 = 自我评分 + 小组评分 + 教师评分	

教师签名：_____　_____年____月____日

学习任务3.3 电梯门系统的维修

基础知识

轿门与层门维保

电梯的门系统

电梯门系统的基础知识

电梯门系统包括轿门和层门，关于电梯门系统的基本结构及标准要求等内容可参阅相关资料，在此主要介绍电梯门系统中开关门机构组件维修与调整的相关知识与内容。

1. 开关门机构组件

开关门机构组件是指驱动电梯轿门和层门同时开或关的组合机件，又称为门系统。它主要包括开门机组件、轿门、层门组件及门扇。其中开门机组件如图3-13所示，开门机组件安装在轿顶上，轿门吊挂在开门机组件的左右挂板上，整个轿门子系统随轿厢一起升降。层门组件如图3-14所示，层门组件安装在井道各层站门口上方的内壁上，层门门扇吊挂在层门组件的左右挂板上，由开关门电动机驱动门的开关。

a) 实物图　　　　　　　　　　　b) 结构示意图

图3-13　开门机组件

a) 实物图　　　　　　　　　　　b) 结构示意图

图3-14　层门组件

层门都设有自闭装置，由拉力弹簧或重锤组成。当层门非正常打开时，能通过拉力弹簧的拉力或重锤的自重克服层门的关门摩擦力使层门自动锁闭。在轿门和层门上还设有机械电气联锁检测装置。当电梯门打开时，向电梯控制系统发出信号，电梯不能起动运行。

2. 开关门机构的动作及维保要点

（1）开关门机构的动作过程

当轿厢到达某一层站时，安装在轿门上的门刀（见图3-15a）插入该层门的门锁滚轮（见图3-15b）中。接收到开关门指令信号后，轿门由开关门电动机带动产生开关门动作时，门刀随轿门动作，首先拨动安装在层门上的自动门锁开锁臂轮，使锁钩脱开完成层门的开锁动作；当门刀继续向开门方向运行，通过门刀推动滚轮使层门向开或关方向运动，完成电梯层门和轿门的开关门动作。当电梯起动离开层站后，门刀也随轿门离开层门门锁，此时层门门锁已锁紧，无法在层站外用手扒开层门。

a) 门刀

b) 门锁滚轮

图 3-15　门刀和门锁滚轮

由于门刀只能直接带动一扇层门，因此两扇层门之间还必须设置一个联动机构，使两扇门能同时发生动作。这就要求层门和轿门起闭轻便灵活，无跳动、摇摆和噪声，开关门机构的各传动部件应灵活可靠。

（2）开关门机构维保要点

1）当层门或轿门挂轮磨损，使门扇下坠，其下端面与地坎有摩擦或开关门时有阻碍、跳动等不正常现象时，应更换门挂板或者挂轮。

2）门滑块磨损严重，开关门动作不畅，滑块金属部件与地坎摩擦，开关门时有摇摆、跳动和变形等异常现象时应及时更换门滑块。

3）分别断开层门和轿门的电气安全装置，检查电梯能否起动或者继续运行（对接操作，在开锁区域的夹层和再平层时除外）。

4）在轿门驱动层门的情况下，当轿厢在开锁区域之外时，检查开启的层门在外力消失后能否自行关闭。

5）经常检查轿门的门联锁开关的可靠性，只有在完全关门时，开关才接通，电梯才可运行。

6）开关门机构的直流电动机每季度检查一次，每年清洗一次。如电刷磨损严重，应予以更换，并清除电动机内碎屑，在轴承处加注钙基润滑脂。

7）开关门机构的传动带，因伸长而引起张力降低，影响开关门性能时，应调整传动带的张紧度，使传动带适当张紧。

 工作步骤

步骤一：实训准备

1）实训前，先由指导教师进行安全与规范操作的教育。

2）按照"学习任务 1.2"的规范要求做好维保前的准备工作。

步骤二：排除故障一

1. 故障现象

中分式层门关闭后，两门扇的门缝呈现"V"形。

2. 故障分析

中分式层门两门扇间的门缝呈现"V"形，主要是由门扇的垂直度误差引起的。而导致门扇垂直度误差的原因主要有以下两种：

1）吊挂门扇的门挂板组件中，门挂轮磨损不均，造成门扇不垂直，使门缝呈"V"形。

2）由于门扇开关门的振动，造成门扇的连接螺母松动，导致门扇不垂直而产生"V"形。

3. 故障排除过程

1）在层站对两门扇的垂直度误差进行检测，确定垂直度误差差较大、需进行调整的门扇。

2）进入轿顶，拆下该门扇的门挂板组件，检查门挂轮对是否有变形，胶轮是否有脱落变形、磨损严重等现象。如存在上述的任一情况时均应更换门挂板或单独更换挂轮。

3）检查门扇的连接螺母是否松动。如果紧固好连接螺母后门扇垂直度误差仍然较大，可用加减垫片进行调整。

4）调整完成后，应注意检查门扇之间及其与门套、门地坎之间的间隙等，应符合标准要求。

步骤三：排除故障二

1. 故障现象

电梯门关闭后，选层、定向等各项显示正常，但电梯无法起动运行。

2. 故障分析

1）根据电梯的运行原理，电梯起动运行必须具备两个基本条件：一是确定好运行方向信号；二是电梯的所有层门和轿门均已关闭，门联锁回路已接通。

2）根据故障现象分析，电梯的选层、定向等各回路均已正常，表明第一个条件已经具备，因此应重点检查第二个条件是否具备，即门联锁回路是否接通。

3. 故障排除过程

1）到机房打开控制柜，检查门联锁回路，发现门联锁接触器能正常工作，首先检查门锁回路电源和门锁接触器元件是否正常。如果都正常，那么就应该进一步检查各层门上的自动门锁和轿门上的关门到位开关是否都正常。

2）维修人员进入轿顶，对门锁进行外观检查，检查门锁的完好情况，如门锁损坏应进行更换。

3）检查与调整门锁与锁座之间的间隙及锁钩与锁座的啮合深度，调整方法如下：

① 用安装门锁的长圆孔左右调整门锁的位置，将门锁钩与门锁座的间隙调整为（3 ± 1）mm，即门锁钩的竖向基准线与门锁座挂钩面对齐，如图 3-16a 所示。

② 按国家标准要求：当门锁触点接通时，门锁钩与门锁座的啮合深度不小于 7mm。调整门锁座下面垫片的厚度，使门锁钩与门锁座的啮合余量为 11 ± 1mm，即门锁钩的横向基准线与门锁座挂钩面上端对齐，如图 3-16a 所示。

③ 将门锁活动滚轮慢慢压向门打开方向，移动门之前应确认门锁触点已断开。

④ 将门锁活动滚轮慢慢压向门打开方向，确认门锁钩的行程为 $13^{+4}_{\ 0}$mm，且门锁座挂钩面上端的间隙为 $3 \sim 9$mm，如果不符合，应再次确认第②项作业，如图 3-16b 所示。

⑤ 在关门位置完全抓紧门锁滚轮后，再慢慢释放。应确认门锁触点接通时，门锁钩与门锁座的啮合余量为 $7 \sim 10.5$mm，如图 3-17 所示。

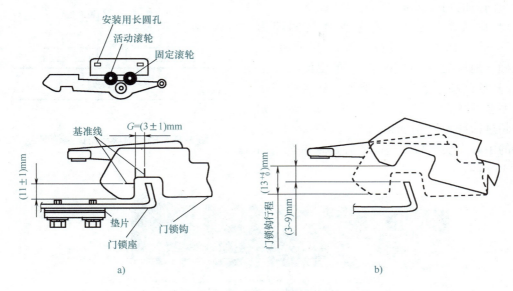

图 3-16　门锁钩与门锁座啮合

⑥ 检查门锁触点的超行程，应为（4±1）mm，如图 3-18 所示。在门锁调整结束后，应检查层门自闭功能。

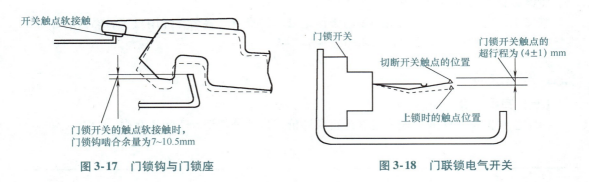

图 3-17　门锁钩与门锁座

图 3-18　门联锁电气开关

步骤四：排除故障三

1. 故障现象

电梯平层开门后，门扇边缘与两边门套不平齐。

2. 故障分析

从电梯安装工艺分析得知，门套的安装是根据门地坎（门样线）定位的，门套安装完成后是固定不变的。因此电梯平层开门后，门扇边缘与门套端面不平齐的机械原因是门套与门扇的门中线不重合，而这又是轿门门刀与层门开锁滚轮之间的相对水平位置（x 方向）发生较大偏差造成的，所以，造成此故障的根本原因是门系合装置发生了问题。

3. 故障排除过程

将轿厢运行到合适位置，维修人员在层站层门外对安装在轿门上的门刀进行外观检查，检查门刀是否松动、变形或损坏，如果没有损坏，则检查门锁滚轮与门刀之间的间隙、门锁滚轮与门刀的啮合深度。调整方法如下。

1）确认轿门地坎与门锁滚轮的间隙为（8±2）mm，如图3-19所示。如果尺寸超标，应先确认地坎间的间隙和门上坎的定位。

2）使门锁与系合装置重合，确认门锁滚轮与系合装置门刀的间隙为（10±2）mm。如尺寸超过标准，应先确认门上坎的安装中心、门扇的中心、层门与轿门的中心是否重合，如图3-20所示。

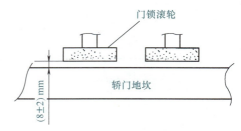

图3-19　轿门地坎与门锁滚轮配合

图3-20　门锁滚轮与门刀配合

步骤五：填写维修记录单

维修工作完成后，维修人员须填写维保记录单，经自己签名并经用户签名确认后方可结束检修工作。电梯门系统维修记录单可参见表3-5。

 评价反馈

（一）自我评价（40分）

由学生根据学习任务完成情况进行自我评价，将评分值记录于表3-9中。

表3-9　自我评价

学习任务	项目内容	配分	评分标准	扣分	得分
学习任务3.3	1. 安全意识	10分	1. 不按要求穿着工作服、戴安全帽、穿防滑电工鞋（扣1~2分） 2. 在轿顶操作未系好安全带（扣1分） 3. 不按要求进行带电或断电作业（扣1~2分） 4. 不按安全要求规范使用工具（扣1~2分） 5. 其他违反安全操作规范的行为（扣1~2分）		
	2. 故障维修	10分	层门地坎与轿门地坎的水平距离应不大于10mm，与设计值的偏差为0~3mm（超差扣5~10分）		
		10分	门扇（门套）的垂直度偏差和门梁的水平度偏差≤1/1000（超差扣5~10分）		

（续）

学习任务	项目内容	配分	评分标准	扣分	得分
学习 任务 3.3	2. 故障维修	20 分	对于客梯，层门、轿门的门扇之间，门扇与门套之间，门扇与地坎之间的间隙不得大于 6mm；货梯不得大于 8mm，在水平滑动门开启方向，以 150N 的力施加在最不利点时，间隙应不大于 30mm。（超差或校正方法不对每项扣 5 分，扣完为止）		
		5 分	层门、轿门运行不应卡阻，脱轨或在行程终端时错位（扣 1~2 分）		
		5 分	中分层门关闭时，门扇对口处不平，误差≤1mm，门扇间隙≤2mm（扣 2~4 分）		
		12 分	门锁在电气连锁装置动作前，锁紧元件的最小啮合长度为 7mm（超差扣 6~12 分）		
		8 分	层门限位轮与门导轨下端面之间的间隙≤0.5mm（超差扣 2~6 分）		
		10 分	当层门门扇间是由绳、链、带联接时，被动门需装有电气联锁保护装置，且动作可靠（超差扣 5~10 分）		
	3. 职业规范和环境保护	10 分	1. 工作过程中，工具和器材摆放凌乱，扣 1~3 分 2. 不爱护设备、工具，不节省材料（扣 1~3 分） 3. 工作完成后不清理现场，工作中产生的废弃物不按规定处置，各扣 1~2 分（若将废弃物遗弃在井道内的可扣 4 分）		

总评分 =（1~3 项总分）×40%

签名：＿＿＿＿＿＿＿　＿＿＿＿＿年＿＿＿月＿＿＿日

（二）小组评价（30 分）

由同一实训小组的同学结合自评的情况进行互评，将评分值记录于表 3-10 中。

表 3-10　小组评价

项目内容	配　分	评　分
1. 实训记录与自我评价情况	30 分	
2. 相互帮助与协作能力	30 分	
3. 安全、质量意识与责任心	40 分	

总评分 =（1~3 项总分）×30%

参加评价人员签名：＿＿＿＿＿＿＿　＿＿＿＿＿年＿＿＿月＿＿＿日

（三）教师评价（30 分）

由指导教师结合自评与互评的结果进行综合评价，并将评价意见与评分值记录于表 3-11 中。

表 3-11　教师评价

教师总体评价意见：	
教师评分（30 分）	
总评分 = 自我评分 + 小组评分 + 教师评分	

教师签名：_____　_____年____月____日

 阅读材料

阅读材料 3.2　事故案例分析（四）

电梯的层门只能由轿门的门刀拨动而带动其开启，绝对不能在层门外开启（除非用门匙开启），否则将会造成重大事故。2013 年，广州市某高校学生宿舍有一台停用待修的电梯，在各层站的层门外既没有明显的防护标志和措施，又没有对各层层门进行检查。某天晚上，有一学生因倚靠在某层的层门上，层门突然打开，该学生由层门跌落井道致死。由此案例可见，层门门锁机构检修维保是十分重要的。

 ## 学习任务 3.4　电梯导向和重量平衡系统的维修

 基础知识

电梯导向和重量平衡系统

悬挂装置与防护维保

一、导向系统的基础知识

导向系统主要是在电梯运行过程中限制轿厢和对重的活动自由度，使轿厢和对重只沿着各自的导轨做升降运动，以保证轿厢和对重平稳运行。无论是轿厢还是对重的导向装置，均由导轨、导靴和导轨架组成。导轨架作为导轨的支撑件，被固定在井道壁上；导靴安装在轿厢架和对重架的两侧。导靴的靴衬与导轨工作面配合，使一部电梯在曳引绳的牵引下，一边为轿厢，另一边为对重，分别沿着各自的导轨做升降运动。

本任务主要介绍电梯导向系统中导轨与导靴维修保养的相关知识和内容。

二、导轨及其支架的维修保养要求

1. 导轨平面度误差的测量

由于导轨是电梯轿厢上导靴和安全钳的穿梭路轨，所以安装时必须保证其间隙符合要求。导轨的连接采用连接板，连接板与导轨底部加工面的表面粗糙度值 $Ra \leqslant 12.5\mu m$，导轨的连接如图 3-21 所示。连接板与导轨底部加工面的平面度误差不应大于 0.20mm，平面度误差测量如图 3-22 所示。

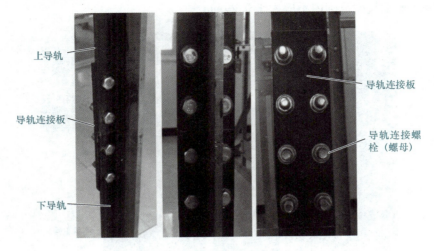

上导轨

导轨连接板

下导轨

导轨连接板

导轨连接螺栓（螺母）

图 3-21　导轨连接

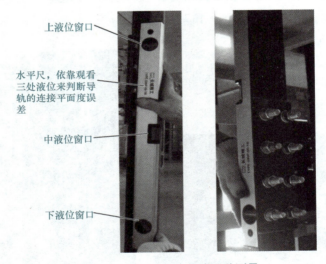

上液位窗口

水平尺，依靠观看三处液位来判断导轨的连接平面度误差

中液位窗口

下液位窗口

图 3-22　导轨连接平面度误差测量

2. 导轨垂直度误差的测量

利用 U 形导轨卡板（见图 3-23）、线锤（见图 3-24）和直尺可以对导轨垂直度误差进行测量。导轨端面对底部加工面的垂直度误差在测量长度上不应大于 0.40mm。

线锤测量线放在正中间

卡在导轨上

图 3-23　U 形导轨卡板

垂直度误差的测量如图3-25所示。而导轨底部加工面对纵向中心平面的垂直度误差要求是：对于机械加工导轨，每100mm测量长度范围内不应大于0.14mm；对于冷轧加工导轨，每100mm测量长度范围内不应大于0.29mm。

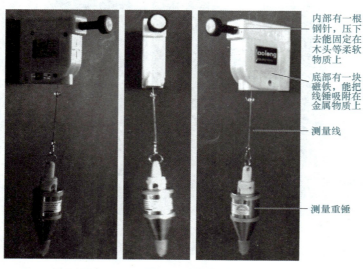

内部有一根钢针，压下去能固定在木头等柔软物质上

底部有一块磁铁，能把线锤吸附在金属物质上

测量线

测量重锤

图3-24 线锤

利用直尺来测量线偏离U形卡中心位置距离

U形卡卡在T形导轨上，线锤测量线通过U形卡中心点

线锤吸附在导轨上

图3-25 垂直度误差的测量

3. 电梯导轨维修保养要点（见表3-12）

表3-12 导轨维修保养要点

序　号	维修保养要点
1	若发现导轨位移、松动现象，则证明导轨连接板、导轨压板上的螺栓松动，应及时紧固。有时因导轨支架松动或开焊也会造成导轨位移，此时应根据具体情况进行紧固或补焊

（续）

序　号	维修保养要点
2	当变形的程度严重时，则必须在较大范围内用上述方法调直。在校正变形位置时，绝对不允许采用火烤的方法校直导轨，这样不但不能将变形校正，反而会产生更大的变形
3	当发现导轨工作面有凹坑、麻斑、毛刺、划伤以及因安全钳动作或紧急停止制动而造成导轨损伤时，应用锉刀、砂布、油石等将其修磨光滑。修磨后的导轨面不能留下锉刀纹痕迹
4	当发现导轨接头处台阶高于 0.05mm 时，应对其进行磨平
5	当发现导轨面不清洁，应用煤油擦净导轨面上的脏污，并将导靴靴衬清洗干净；若润滑不良，应定期向油杯内注入同规格的润滑油，保证油量油质，并适当调整油毡的伸出量，保证导轨面有足够的润滑油

4. 导轨支架维修保养要点（见表 3-13）

表 3-13　导轨支架维修保养要点

序　号	维修保养要点
1	定期检查导轨支架有无裂纹、变形、松动和移位等，如发现应及时处理
2	定期检查导轨支架的焊接或紧固情况，若发现支架焊接不牢、已脱焊，应及时重新补焊；同时对紧固螺母进行检查，有问题时，应随手紧固好
3	定期检查导轨支架的水平度误差是否超差，支架有无严重的锈蚀情况

5. 导靴和油杯维修保养要点（见表 3-14）

表 3-14　导靴和油杯维修保养要点

序　号	维修保养要点
1	在轿顶检修运行电梯，并注意听导靴与导轨间是否有摩擦异响，如有，则要认真检查导靴与导轨间是否有凹凸不平、异物、碎片、导靴松动或润滑油不够等不良问题
2	检查电梯在运行过程中轿厢晃动是否过大。如前后晃动，则是导靴与导轨面左右接触面距离过大，那么，需要调整导靴橡胶弹簧的压紧螺栓；如左右晃动，则是内靴衬与导轨端面接触面距离过大，需要调整导靴座上面的调整螺栓；如调整后未能改善，则应更换靴衬
3	操纵电梯全程运行一次，对导靴与导轨接触面进行清洁
4	检查靴衬磨损程度，如超出正常范围，则需要更换靴衬
5	检查靴衬两边是否磨损不均匀，如是则要更换靴衬，检查导靴安装是否对称
6	清理油杯表面和导靴及导轨面上的污物、灰尘
7	检查油杯是否出现漏油现象
8	油杯中的油如果少于总油量的 1/3，则需要加注专用导轨油。加油后，操纵电梯全程运行一次，观察导轨的润滑情况
9	检查油杯中油毡是否在导轨左右中分
10	检查油杯中的吸油毛毡是否紧贴导轨面，油毡前侧和导轨顶面应无间隙
11	清洗（更换）油杯及油毡

三、电梯重量平衡系统的基本知识

电梯重量平衡系统的作用是使对重与轿厢达到相对平衡，是为节约能源而设置的平衡轿厢重量的装置，具体可查阅相关资料。本任务主要介绍轿厢和重量平衡系统维保的相关知识和内容。

1. 轿厢的检查

（1）检查轿厢架与轿厢体的联接

1）检查这两者之间联接螺栓的紧固情况，如有无松动、错位、变形、脱落、锈蚀或零件丢失等情况。

2）当发现轿厢架稍有变形时，可采取稍微放松紧固螺栓的办法，让其自然校正，然后再拧紧。但如果变形较严重，则要拆开重新校正或更换。

3）当发现轿底不平时，可用垫片校平；在日常维保中，应保持轿厢体各组成部分的接合处在同一平面或相互垂直，应无过大的拼缝。

4）此外，当电梯发生紧急停车、安全钳动作、轿厢冲顶或蹾底时，应及时检查轿厢架与轿厢体四角接点的螺栓紧固和变形情况。

5）检查轿厢架与轿厢体联接的四根拉杆受力是否均匀，注意轿厢有无歪斜，造成轿门运动不灵活甚至造成轿厢无法运行；如这四根拉杆受力不匀，可通过拉杆上的螺母进行调节。

（2）检查轿底、轿壁和轿顶的相互位置

1）检查这三者的相互位置有无错位，方法是：用卷尺测量轿顶、轿底平面的对角线长度是否相等。

2）当发现三者位置相互错位时，应检查轿厢的安装螺钉是否松动，轿底的刚性是否较差，并针对具体情况对应解决。

（3）检查轿顶轮（反绳轮）和绳头组合

1）检查轿顶轮有无裂纹，轮孔润滑是否良好，绳头组合有无松动、移位等。

2）轿顶轮上轴承应定期加油；如果发现轿顶轮轴承在转动时发出异响，说明已缺乏润滑，应及时补油。

3）当轿顶轮的转动有卡阻现象时，多数可能是轴承或转动轴的铜套磨损变形或脏污造成的，可作相应处理。

4）当轿顶轮转动时有偏颇或有轴向窜动现象时，说明隔环端面磨损、轴向间隙大，可采用加垫圈的办法来解决。

5）当曳引钢丝绳在轿顶轮上打滑时，说明轮内的绳槽磨损严重、轴承缺油损坏、铜套脏污或是隔环过厚无间隙，可用煤油清洗铜套并注油；当铜套过厚则应减薄隔环使轮的轴向间隙保持在 0.5mm 左右；轿顶轮绳槽磨损严重、轴承缺油损坏应及时更换。

（4）检查轿壁

检查轿壁有无翘曲、嵌头螺钉有无松脱，有无振动异响；查出原因并作相应处理。

（5）检查轿厢上的超载与称量装置

检查轿厢上超载与称量装置动作是否灵活可靠。

2. 对重与补偿装置的检查

1）检查固定对重装置中的对重块紧固件是否牢固。

2）检查对重块框架上的导轮轴及导轮的润滑情况，每半月应加一次润滑油。

3）检查对重滑动导靴的紧固情况及滑动导靴的间隙是否符合规定要求；检查有无损伤和缺润滑油。

4）检查对重装置上的绳头组合是否安全可靠。

5）检查对重架内的对重块是否稳固，若有松动应及时紧固，以防止对重块在电梯运行时产生抖动或窜动。

6）检查对重下端距离对重缓冲器的高度。当轿厢位于顶层平层位置时，其对重下端与对重缓冲器顶端的距离：如果是弹簧缓冲器，应为 200 ~ 350mm；如果是液压缓冲器，应为 150 ~ 400mm；如果距离太近应截短曳引绳。

7）对重架上装有安全钳的，应对安全钳装置进行检查，其传动部分应保持动作灵活可靠。

8）检查补偿绳（链）装置和导向导轨是否清洁，应定期擦洗；补偿绳（链）在运行中是否稳定，有无较大的噪声，可在链环上涂防音油以减小运行噪声，如消音绳折断则应予更换。

9）检查补偿绳（链）的绳头有无松动；补偿绳（链）过长时要调整或截短。

10）检查补偿绳（链）尾端与轿厢底和对重底的联接是否牢固，紧固螺栓有无松脱，夹紧有无移位等。

轿厢和重量平衡系统的维修保养要点见表 3-15。

表 3-15   轿厢和重量平衡系统维修保养要点

序号	部　位	维修保养要点
1	导向轮、轿顶轮和对重轮的轴与轴套之间	补充注油
2		拆卸换油
3	对重装置	检查运行时有无噪声
4	对重块及其压板	检查对重块及其压板是否压紧，有无窜动
5	对重与缓冲器	检查对重与其缓冲器的距离
6	补偿绳（链）与轿厢、对重接合处	检查是否固定，有无松动
7	轿顶、轿厢架、轿门及其附件安装螺栓	检查是否紧固
8	轿厢与对重的导轨和导轨支架	检查是否清洁，是否牢固、无松动
9	轿厢称重装置	检查是否准确、有效

 工作步骤

步骤一：实训准备

1）实训前，先由指导教师进行安全与规范操作的教育。

2）按照"学习任务 1.2"的规范要求做好维修保养前的准备工作。

步骤二：电梯导向系统的维修保养步骤与方法

1）从上一层层门进入轿顶，将检修开关置于检修位置。

2）清楚导向系统的维修保养要点，根据电梯导向系统维修保养记录单进行维修保养。

3）保养完以后，离开轿顶，并将检修开关复位，取走警示牌离开。

步骤三：填写导靴及油杯维修保养记录单

维修保养工作结束后，维保人员应填写维修保养记录单（见表3-16）。

表3-16 电梯导靴及油杯维修保养记录单

序号	维修保养内容	维修保养要求	完 成 情 况	备注
1	维修保养前的工作	准备好工具		
2	导轨	导轨接头无变形；导轨无位移、松动现象；导轨连接板、导轨压板上的螺栓紧固		
3		导轨工作面无凹坑、锈蚀、毛刺、划伤		
4		导轨接头处台阶低于0.05mm		
5		导轨面清洁，有足够的润滑油		
6	导轨支架	导轨支架无裂纹、变形、移位等		
7		导轨支架紧固		
8		导轨支架水平度误差符合标准要求，支架无严重锈蚀情况		
9	导靴	靴衬中无异物、碎片等		
10		靴衬磨损正常		
11		导轨两边工作面间隙合适		
12		导靴磨损均匀		
13		导靴应保持清洁		
14		导靴表面和连接处正常		
15		导靴中润滑油适合		
16		导靴连接牢固		
17	油杯	吸油毛毡齐全		
18		吸油毛毡紧贴导轨面		
19		油量适度，油杯无泄漏		
20		油毡在导轨左右中分		
21		油毡前侧和导轨顶面无间隙		
22		油杯损坏		
23		清洁油杯		
24		更换油杯和油毡		

维修保养人员： 日期： 年 月 日

使用单位意见：

使用单位安全管理人员： 日期： 年 月 日

注：完成情况（如完好打√，有问题打×，维修时请在备注栏说明）

步骤四：轿厢和重量平衡系统的维修保养步骤、方法及要求

1）将轿厢运行到基站。

2）到机房将检修开关置于"检修"位置，并挂上警示牌。

3）按表3-15所示项目进行维修保养工作。

4）完成维保工作后，将检修开关复位，并取走警示牌。

步骤五：填写轿厢和重量平衡系统维修保养记录单

维修保养工作结束后，维修保养人员应填写维修保养记录单（见表3-17）。

表3-17　轿厢和重量平衡系统维修保养记录单

序号	维修保养内容	维修保养要求	完成情况	备　注
1	维修保养前的工作	准备好工具		
2	导向轮、轿顶轮和对重轮的注油			
3	检查对重装置	运行时应无噪声		
4	检查对重块及其压板	应压紧，无窜动		
5	检查对重与缓冲器的距离	应符合标准要求		
6	检查补偿绳（链）与轿厢、对重接合处	应固定，无松动		
7	轿顶、轿厢架、轿门及其附件安装螺栓	检查是否紧固		
8	检查轿厢与对重的导轨和导轨支架	应清洁，牢固、无松动		
9	检查轿厢称重装置	应准确、有效		

维修保养人员：　　　　　　　　　　　　日期：　　　年　　月　　日

使用单位意见：

使用单位安全管理人员：　　　　　　　　日期：　　　年　　月　　日

注：完成情况（如完好打√，有问题打×，维修时请在备注栏说明）

 任务评价

（一）自我评价（40分）

由学生根据学习任务完成情况进行自我评价，将评分值记录于表3-18中。

表3-18　自我评价

学习任务	项目内容	配分	评分标准	扣分	得分
学习任务3.4	1. 安全意识	10分	1. 不按要求穿着工作服、戴安全帽、穿防滑电工鞋（扣1~2分） 2. 在轿顶操作未系好安全带（扣1分） 3. 不按要求进行带电或断电作业（扣1~2分） 4. 在电梯底坑有人时对轿厢进行移动操作或进入轿顶（扣1分） 5. 不按安全要求规范使用工具（扣1~2分） 6. 其他违反安全操作规范的行为（扣1~2分）		

（续）

学习任务	项目内容	配分	评分标准	扣分	得分
学习任务3.4	2. 导轨和导轨支架维保	20分	1. 未清洁导轨（扣5分） 2. 未润滑导轨（扣5分） 3. 未检查导轨的接头和工作面（扣5分） 4. 未检查导轨架的紧固情况（扣5分）		
	3. 导靴调整	20分	1. 导靴与导轨间距不准确（扣6分） 2. 不会调整靴衬与导轨的距离（扣8分） 3. 不会调整导靴导向板与导轨前端面距离（扣6分）		
	4. 油杯维保	10分	1. 未清洁导轨（扣5分） 2. 油毡未紧贴导轨（扣5分） 3. 油杯前侧与导轨无缝隙（扣5分） 4. 油杯中润滑油类型加错或油量加错（扣5分）		
	5. 导靴保养	10分	1. 不能正确清洁导轨及导靴（扣5分） 2. 不会正确润滑导轨及导靴（扣5分） 3. 不会更换靴衬（扣5分） 4. 不了解导靴的保养周期（扣5分）		
	6. 轿厢和重量平衡系统维保	25分	1. 维修保养前工具选择不正确（扣10分） 2. 维修保养操作不规范（扣5~10分） 3. 维修保养工作未完成（每项扣10分） 4. 维修保养记录单填写不正确、不完整（每项扣3~5分）		
	7. 职业规范和环境保护	5分	1. 工作过程中，工具和器材摆放凌乱（扣1~2分） 2. 不爱护设备、工具，不节省材料（扣1~2分） 3. 工作完成后不清理现场，工作中产生的废弃物不按规定处置，（各扣1~2分）（若将废弃物遗弃在井道内的可扣4分）		

总评分 = (1~7项总分) × 40%

签名：_____ _____年____月____日

（二）小组评价（30分）

由同一实训小组的同学结合自评的情况进行互评，将评分值记录于表3-19中。

表3-19　小组评价

项目内容	配　分	评　分
1. 实训记录与自我评价情况	30分	
2. 相互帮助与协作能力	30分	
3. 安全、质量意识与责任心	40分	

总评分 = (1~3项总分) × 30%

参加评价人员签名：_____ _____年____月____日

（三）教师评价（30分）

由指导教师结合自评与互评的结果进行综合评价，并将评价意见与评分值记录于表3-20中。

表 3-20 教师评价

教师总体评价意见：

	教师评分（30分）	
	总评分 = 自我评分 + 小组评分 + 教师评分	

教师签名：_____ ____年____月____日

学习任务 3.5 电梯安全保护装置的维修

 基础知识

电梯的安全保护装置

一、电梯安全保护装置基础知识

根据 GB7588—2003《电梯制造与安装安全规范》中的规定，电梯必须设有完善的安全保护系统，包括一系列的机械安全装置和电气安全装置。在电梯的安全系统中，包括曳引钢丝绳、限速器、安全钳、缓冲器，以及防止越程、防止超载等保护装置。

本任务主要介绍电梯端站开关维修与调整的相关内容。

二、端站开关

端站开关主要用于防止电梯因失控使轿厢到达顶层或底层后仍继续行驶（冲顶或蹾底），造成超限运行的事故。端站开关由强迫缓速开关、限位开关和极限开关及相应的碰板、碰轮和联动机构组成，如图 3-26 所示。

1）强迫缓速开关。当电梯运行到最高层或最低层应减速的位置而没有减速时，装在轿厢边的上、下开关碰板 6、7 首先碰到上强迫缓速开关 5 或下强迫缓速开关 8，使其动作，强迫轿厢减速运行到平层位置。

2）限位开关。当轿厢超越应平层的位置 50mm 时，轿厢碰板使上限位开关 4 或下限位开关 9 动作，切断电源，使电梯停止运行（此时可以用检修开关的"检修"运行方式点动电梯慢速反向运行，直至退出行程极限位置）。

测试限位、极限开关有效性

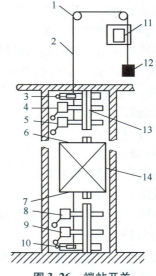

图 3-26 端站开关

1—滑轮 2—曳引钢丝绳 3—上极限开关 4—上限位开关 5—上强迫缓速开关 6—上开关碰板 7—下开关碰板 8—下强迫缓速开关 9—下限位开关 10—下极限开关 11—终端极限开关 12—张紧配重 13—导轨 14—轿厢

3）极限开关。当以上两个开关均不起作用时，则作为终端保护的最后一道防线，轿厢上的碰板最终会碰到上极限开关3或下极限开关10的碰轮，使终端极限开关11动作，切断电源使电梯停住，防止轿厢冲顶或蹲底。

端站开关发生故障的概率较低，但在电梯运行常规维护中却不可忽视，任何时候都应该保证行程端站开关灵活可靠。端站开关的故障往往不能作为单纯的机械或电气故障处理，必须从机、电两方面诊断排除。

 工作步骤

步骤一：实训准备

1）实训前，先由指导教师进行安全与规范操作的教育。

2）按照"学习任务1.2"的规范要求做好维修保养前的准备工作。

步骤二：排除故障一

1. 故障现象

轿厢未有明显下蹲或上冲，轿厢地坎与层门地坎的平层误差也在规定值内，但端站开关意外动作。

2. 故障分析

1）端站开关移位。

2）端站开关损坏（触点粘连）。

3. 故障排除过程

1）端站开关的实际安装位置可参见图1-23。检查并重新调整端站开关的位置。

2）更换损坏的端站开关。

3）故障排除后，进行超越行程试验，检查端站开关是否动作。

注：进行越程试验应注意安全。

步骤三：排除故障二

1. 故障现象

极限开关不动作。

2. 故障分析

1）极限开关或碰板移位。

2）极限开关损坏。

3）极限开关张紧配重装置失效。

3. 故障排除过程

1）检查并重新调整极限开关或碰板的位置。

2）更换损坏的极限开关。

3）调整极限开关张紧配重装置。

4）故障排除后，进行超越行程试验，检查极限开关是否动作。

步骤四：填写维修记录单

维修工作完成后，维修人员须填写维修记录单，经自己签名并经用户签名确认后方可结束检修工作。电梯安全保护装置维修记录单可参见表3-5。

 评价反馈

（一）自我评价（40分）

由学生根据学习任务完成情况进行自我评价，将评分值记录于表3-21中。

表3-21 自我评价

学习任务	项目内容	配分	评分标准	扣分	得分
学习任务 3.5	1. 安全意识	10分	1. 不按要求穿着工作服、戴安全帽、穿防滑电工鞋（扣1~2分） 2. 在轿顶操作未系好安全带（扣1分） 3. 不按要求进行带电或断电作业（扣1~2分） 4. 不按安全要求规范使用工具（扣1~2分） 5. 其他违反安全操作规范的行为（扣1~2分）		
	2. 故障一检修	40分	1. 故障判断不正确，不能排除故障（扣40分） 2. 故障判断不正确，但在教师指导下能排除故障（酌情扣10~30分）		
	3. 故障二检修	40分	1. 故障判断不正确，不能排除故障（扣40分） 2. 故障判断不正确，但在教师指导下能排除故障（酌情扣10~30分）		
	4. 职业规范和环境保护	10分	1. 工作过程中，工具和器材摆放凌乱，扣1~3分 2. 不爱护设备、工具，不节省材料（扣1~3分） 3. 工作完成后不清理现场，工作中产生的废弃物不按规定处置，各扣1~2分（若将废弃物遗弃在井道内的可扣4分）		

总评分 =（1~4项总分）×40%

签名：_____ _____年____月____日

（二）小组评价（30分）

由同一实训小组的同学结合自评的情况进行互评，将评分值记录于表3-22中。

表3-22 小组评价

项目内容	配分	评分
1. 实训记录与自我评价情况	30分	
2. 相互帮助与协作能力	30分	
3. 安全、质量意识与责任心	40分	

总评分 =（1~3项总分）×30%

参加评价人员签名：_____ _____年____月____日

（三）教师评价（30分）

由指导教师结合自评与互评的结果进行综合评价，并将评价意见与评分值记录于表3-23中。

5. 下列关于平层术语表述不正确的是（　　）。

A. 平层是在平层区域内使轿厢地坎平面与层门地坎平面平齐

B. 平层区是轿厢停靠上方和下方的一段有限区域，在此区域内可以用平层装置来使轿厢运行达到平层要求

C. 平层准确度是轿厢依控制系统指令到达目的层站停靠后，门完全打开，在没有负载变化的情况下，轿厢地坎上平面与层门地坎上平面之间铅垂方向的高度差

D. 平层保持精度是轿厢依控制系统指令到达目的层站停靠后，门完全打开，在没有负载变化的情况下，轿厢地坎上平面与层门地坎上平面之间铅垂方向的高度差

6. 下列关于平层术语表述不正确的是（　　）。

A. 平层是在平层区域内使轿厢地坎平面与层门地坎平面平齐

B. 平层保持精度是轿厢依控制系统指令到达目的层站停靠后，门完全打开，在没有负载变化的情况下，轿厢地坎上平面与层门地坎上平面之间铅垂方向的高度差

C. 平层保持精度是在电梯装卸载过程中轿厢地坎和层站地坎间铅垂方向的高度差

D. 再平层（微动平层）是当电梯停靠开门期间，由于负载变化，检测到轿厢地坎与层门地坎平层差距过大时，电梯自动运行使轿厢地坎与层门地坎再次平层的功能

7. 电梯轿厢在所有层站平层准确度均超出标准要求，可能的原因是（　　）。

A. 行程终端限位保护开关的碰板移位　　　B. 平层感应器移位

C. 该层的平层隔磁板（遮光板）移位　　　D. 强迫缓速开关移位

8. 电梯轿厢在停靠某一层站时，轿门地坎明显高于层门地坎，超出标准要求。而在其他层站时均能够准确停靠。

（1）故障原因可能是（　　）。

A. 平层感应器上移位　　　　　　　　　B. 平层感应器下移位

C. 该层的平层遮光板（隔磁板）上移位　　D. 该层的平层遮光板（隔磁板）下移位

（2）检修方法应是（　　）。

① 测量出轿厢地坎与层门地坎的高度差并作记录

② 按规范程序进入轿顶，将该楼层的平层遮光板（隔磁板）按测量的距离垂直往上调

③ 按规范程序进入轿顶，将该楼层的平层遮光板（隔磁板）按测量的距离垂直往下调

④ 按规范程序进入轿顶，将平层感应器按测量的距离垂直往上调

⑤ 按规范程序进入轿顶，将平层感应器按测量的距离垂直往下调

⑥ 完成调节后检查支架的水平度误差以及遮光板与感应器配合的尺寸是否均匀

⑦ 退出轿顶，恢复电梯的正常运行，验证电梯是否平层，如果还是不平层，再次调节直至完全平层，最后紧固支架螺栓

A. ①→②→⑥→⑦　B. ①→③→⑥→⑦　C. ①→④→⑥→⑦　D. ①→⑤→⑥→⑦

9. 电梯轿厢在停靠某一层站时，轿门地坎明显低于层门地坎，超出标准要求。而在其他层站时均能够准确停靠。

（1）故障原因可能是（　　）。

A. 平层感应器上移位　　　　　　　　　B. 平层感应器下移位

C. 该层的平层遮光板（隔磁板）上移位　　D. 该层的平层遮光板（隔磁板）下移位

（2）检修方法应是（　　）。

① 测量出轿厢地坎与层门地坎的高度差并作记录

② 按规范程序进入轿顶，将该楼层的平层遮光板（隔磁板）按测量的距离垂直往上调

③ 按规范程序进入轿顶，将该楼层的平层遮光板（隔磁板）按测量的距离垂直往下调

④ 按规范程序进入轿顶，将平层感应器按测量的距离垂直往上调

⑤ 按规范程序进入轿顶，将平层感应器按测量的距离垂直往下调

⑥ 完成调节后，检查支架的水平度误差以及遮光板与感应器配合的尺寸是否均匀

⑦ 退出轿顶，恢复电梯的正常运行，验证电梯是否平层，如果还是不平层再次调节直至完全平层，最后紧固支架螺栓

A. ①→②→⑥→⑦　　　　　　　　B. ①→③→⑥→⑦

C. ①→④→⑥→⑦　　　　　　　　D. ①→⑤→⑥→⑦

10. 电梯轿厢在全部层站停靠时轿门地坎都明显高于层门地坎，超出标准要求。

（1）故障原因可能是（　　　）。

A. 平层感应器上移位

B. 平层感应器下移位

C. 该层的平层遮光板（隔磁板）上移位

D. 该层的平层遮光板（隔磁板）下移位

（2）检修方法应是（　　　）。

① 测量出轿厢地坎与层门地坎的高度差并作记录

② 按规范程序进入轿顶，将该楼层的平层遮光板（隔磁板）按测量的距离垂直往上调

③ 按规范程序进入轿顶，将该楼层的平层遮光板（隔磁板）按测量的距离垂直往下调

④ 按规范程序进入轿顶，将平层感应器按测量的距离垂直往上调

⑤ 按规范程序进入轿顶，将平层感应器按测量的距离垂直往下调

⑥ 完成调节后检查支架的水平度误差以及遮光板与感应器配合的尺寸是否均匀

⑦ 退出轿顶，恢复电梯的正常运行，验证电梯是否平层，如果还是不平层再次调节直至完全平层，最后紧固支架螺栓

A. ①→②→⑥→⑦　B. ①→③→⑥→⑦　　C. ①→④→⑥→⑦　D. ①→⑤→⑥→⑦

11. 电梯轿厢在全部层站停靠时轿门地坎都明显低于层门地坎，超出标准要求。

（1）故障原因可能是（　　　）。

A. 平层感应器上移位

B. 平层感应器下移位

C. 该层的平层遮光板（隔磁板）上移位

D. 该层的平层遮光板（隔磁板）下移位

（2）检修方法应是（　　　）。

① 测量出轿厢地坎与层门地坎的高度差并作记录

② 按规范程序进入轿顶，将该楼层的平层遮光板（隔磁板）按测量的距离垂直往上调

③ 按规范程序进入轿顶，将该楼层的平层遮光板（隔磁板）按测量的距离垂直往下调

④ 按规范程序进入轿顶，将平层感应器按测量的距离垂直往上调

⑤ 按规范程序进入轿顶，将平层感应器按测量的距离垂直往下调

⑥ 完成调节后检查支架的水平度误差以及遮光板与感应器配合的尺寸是否均匀

⑦ 退出轿顶，恢复电梯的正常运行，验证电梯是否平层，如果还是不平层再次调节直至完全平层，最后紧固支架螺栓

A. ①→②→⑥→⑦　　　　　　　　　B. ①→③→⑥→⑦

C. ①→④→⑥→⑦　　　　　　　　　D. ①→⑤→⑥→⑦

12. 电梯轿厢的平层准确度宜在±（　　）mm 的范围内，平层保持精度宜在±（　　）mm 的范围内。

A. 5　　　　　　　　B. 10　　　　　　　　C. 20　　　　　　　　D. 30

13. 电梯层门被人在门外撞开了。请分析故障原因。（　　）。

A. 层门门锁啮合深度不到7mm　　　　B. 层门导靴螺钉松动

C. 层门自闭装置已脱落　　　　　　　D. 以上都不是

14. 电梯运行到2楼后，轿门和层门都打不开，而在其他各层开关门都正常。

（1）故障原因可能是（　　）。

A. 平层装置故障　　　　　　　　　　B. 开关门电动机电源故障

C. 开关门电动机控制电路故障　　　　D. 二楼的自动门锁锁轮损坏

（2）检修方法是（　　）。

① 在机房控制柜内检查开门信号是否正常

② 检查开门控制电路

③ 按规范程序进入轿顶，检查二楼开关门机构机械部分

④ 更换损坏的门锁锁轮

⑤ 检查开关门电动机

⑥ 退出轿顶，恢复电梯的正常运行，检验在二楼开门是否正常

A. ①→②→⑤　　　　　　　　　　　B. ①→③→⑤

C. ③→④→⑥　　　　　　　　　　　D. ④→③→⑥

15. 在电梯关门时夹人的原因可能有（　　）。

A. 安全触板微动开关出现故障　　　　B. 门锁开关接线短路

C. 按关门按钮　　　　　　　　　　　D. 以上都不是

16. 造成电梯冲顶或蹾底的原因不可能是（　　）。

A. 超载下行

B. 曳引钢丝绳打滑

C. 安全开关不起作用，压缩缓冲器且缓冲器安全开关动作

D. 制动器不能抱闸

17. 维修人员对电梯进行维修前，应在轿厢内或入口的明显位置挂上（　　）标牌。

A. "注意安全"　　　　　　　　　　　B. "保养照常使用"

C. "有人操作，禁止合闸"　　　　　　D. "检修停用"

18. 当（　　）开关动作时，电梯应强迫减速。

A. 强迫减速　　　　B. 安全钳　　　　C. 终端限位　　　　D. 终端极限

19. 当（　　）开关动作时，电梯应强迫停车。

A. 强迫减速　　　　B. 安全钳　　　　C. 终端限位　　　　D. 终端极限

20. 当（　　）开关动作时，电梯应切断电源。

A. 强迫减速　　　　　B. 安全钳　　　　　　C. 终端限位　　　　　D. 终端极限

3-3　判断题

1. 电梯轿厢在 2 楼不平层，轿厢地坎低于层门地坎，调整的方法是：把 2 楼的平层遮光板（或隔磁板）往下调。（　　　）

2. 电梯发生不平层故障时，只需调整平层感应器或平层遮光板（或隔磁板）的位置，而不需要或不考虑调整其他部件就可解决故障问题。（　　　）

3. 电梯试运行时，各层层门必须设置防护栏。（　　　）

4. 在层门关闭上锁后，必须保证不能从外面开启。（　　　）

5. 如果门锁开关损坏，可以将门锁开关触点短接使电梯暂时运行。（　　　）

6. 当电梯因故障停在门区范围内，轿门应能在里面用手扒开。（　　　）

7. 导轨与导轨架可以采用焊接固定。（　　　）

8. 油杯是安装在导靴上给导轨和导靴润滑的自动润滑装置。（　　　）

3-4　学习记录与分析

1. 掌握电梯制动器维修前的注意事项，并小结电梯制动器维修调整的过程、步骤、要点和基本要求。

2. 总结电梯平层装置故障的分析和排除过程、步骤、要点和基本要求。

3. 总结电梯层门、轿门机械故障的分析和排除过程、步骤、要点和基本要求。

4. 掌握电梯导向和重量平衡系统的维护保养的过程、步骤、要点和基本要求。

5. 总结电梯行程终端限位保护装置故障的分析和排除过程、步骤、要点和基本要求。

3-5　试叙述对本项目中各任务的学习与实训操作的认识、收获与体会。

项目4 电梯电气系统的维修

 **项目描述**

本项目主要学习电梯电气系统的维修。通过完成电气控制柜、安全保护电路、电梯控制电路、曳引电动机驱动控制电路、开关门电路、呼梯与层楼显示系统，以及电梯其他电路和电梯电器元件的检修，使学生学会电梯电气控制原理图的识读，了解电梯电气控制系统的构成，学会电梯常见电气故障的诊断与排除方法。

 建议学时

建议学习本项目所用学时为 24～28 学时。

 学习目标

应知

1）理解电梯电气系统的构成、故障类型及其诊断方法。

2）掌握电梯电气控制系统的基本工作原理。

应会

1）会识读电梯电气控制原理图。

2）熟悉电梯电气系统各元器件的安装位置和线路的敷设情况。

3）学会电梯常见电气故障的诊断与排除方法。

 预备知识

一、电梯电气系统的构成

电梯的电气系统包括电力拖动系统和电气控制系统。如果从硬件的角度划分，主要由电源总开关、电气控制柜（屏）、轿厢操纵箱以及安装在电梯各部位的安全开关和电气元件组成；如果从电路的功能划分，主要由电源电路、电梯开关门电路、电梯运行控制电路、电梯安全保护电路、电梯呼梯及层楼显示电路和电梯消防控制电路组成。下面对各功能电路做简单介绍。

1. 电源电路

电源电路的作用是将市电网电源（三相交流 380V，单相交流 220V）经断路器配送到主变压器、相序继电器和照明电路等，为电梯各电路提供合适的电源电压。

2. 开关门电路

开关门电路的作用是根据开门或关门的指令以及门的开、关是否到位，门是否夹到物品，轿厢承载是否超重等信号，控制开关门电动机的正/反转、起动和停止，从而驱动轿门开启和关闭，并带动层门开启和关闭。

为了保护乘客及运载物品的安全，电梯运行的必备条件是电梯的轿门和层门均锁好，门锁接触器给出正常信号。

3. 运行控制电路

运行控制电路的作用是当乘客、司机或维保人员发出召唤信号后，微机主控制器根据轿厢的位置进行逻辑判断后，确定电梯的运行方向并发出相应的控制信号。

4. 安全保护电路

电梯安全保护电路的设置主要是考虑电梯在使用过程中，因某些部件质量问题、保养维修欠佳、使用不当，电梯在运行中可能出现的一些不安全因素，或者维修时要在相应的位置上对维修人员采取确保安全的措施。如果该电路工作不正常，安全接触器便不能得电吸合，电梯无法正常运行。

5. 呼梯及层楼显示电路

呼梯及层楼显示电路的作用是将各处发出的召唤信号转送给微机主控制器，在微机主控制器发出控制信号的同时把电梯的运行方向和楼层位置通过层楼显示器显示。

6. 消防控制电路

消防控制电路的作用是在电梯发生火灾时，使电梯退出正常服务而转入消防工作状态。大多数电梯在基站呼梯按钮上方会安装一个"消防开关"，该开关用透明的玻璃板封闭，开关附近注有相应的操作说明。一旦发生火灾，用硬器敲碎玻璃面板，按下消防开关，电梯马上关闭层门，及时返回基站，使乘客安全脱离现场。

二、电梯电气系统的故障类型及诊断方法

由于电梯的电气自动化程度比较高，电气系统故障的发生点可能是机房控制柜内的电器元件，也可能是安装在井道、轿厢、层门上的控制电器元件等，这给维修工作带来了一定的困难。只要维修人员熟练掌握电梯电气控制原理，熟识各元器件的安装位置和线路的敷设情况，熟知电气故障的类型并掌握排除电气故障的步骤和方法，就能提高排除电梯电气故障的效率。

1. 电梯电气故障的类型

（1）断路型故障

断路型故障就是电器元件应该接通工作时不能接通，从而引起控制电路出现断点而断开，不能正常工作。造成电路接不通的原因是多方面的。例如，触点表面有氧化层或污垢；电器元件引入、引出线的压紧螺钉松动或焊点虚焊造成断路或接触不良；继电器或接触器的触点被电弧烧毁，触点的簧片被触点接通或断开时产生的电弧加热，自然冷却处理而失去弹力，造成触点的接触压力不够而接触不良等；当一些继电器或接触器吸合和复位时，触点产生颤动或抖动造成开路或接触不良；电器元件的烧毁或撞毁造成断路等。

（2）短路型故障

短路型故障就是不该通的电路被接通，而且接通后电路内的电阻很小，造成短路。短路时，轻则使熔断器熔断，重则烧毁电器元件，甚至引起火灾。对已投入正常运行的电梯电气控制系统，造成短路的原因也是多方面的。如电器元件的绝缘材料老化、失效、受潮造成短路；由于外界原因造成电器元件的绝缘损坏，以及外界导电材料入侵造成短路等。

断路和短路是以继电器和接触器为主要控制元件的电梯电气控制系统中较为常见的故障。

（3）位移型故障

电梯某些电气控制电路是靠位置信号控制的。这些位置信号是由位置开关发出的。例如，电梯运行的换速点、消号点、平层点的确定；控制开关门电路中的"慢""更慢""停止"位置信号的发出是靠凸轮组、位置开关和感应器控制的；安全电路的上（下）行强迫换速信号、上（下）行限位信号是靠碰板和专用行程开关控制的。在电梯运行过程中，这些开关不断与凸轮（或碰板）位置开关接触碰撞，时间长了，就容易产生磨损移位。移位的结果轻则使电梯的性能变坏，重则使电梯产生故障。

（4）干扰型故障

对于采用微机作为过程控制的电梯电气控制系统，则会出现其他类型的故障。例如，因外界干扰信号造成系统程序混乱产生误动作，通信失效等。

2. 电梯电气系统故障的诊断与排除

（1）掌握电路原理

电梯的电气系统，特别是控制电路，其结构十分复杂。一旦发生故障，想要迅速排除，单凭经验是不够的。因而只有掌握电气控制电路的工作原理，并弄清选层（定向）、关门、起动、运行、换速、平层、停梯、开门等控制环节电路的工作过程，明白各电器元件之间的相互关系及作用，了解电路原理图中各电器元件的安装位置、存在机电配合的位置，明白它们之间是怎样实现配合动作的，才能准确地判断故障的发生点，并迅速排除故障。

（2）分析故障现象

在判断和检查排除故障之前，必须清楚故障的现象，才有可能根据电路原理图和故障现象迅速准确地分析判断出故障的性质和范围。查找故障现象的方法很多，可以通过听取司机、乘用人员或管理人员讲述发生故障时的现象，或通过看、闻、摸，以及其他的检测手段和方法判断故障。

1）看：就是查看电梯的维修保养记录，了解在故障发生前是否做过调整或更换元件。观察每一零件是否正常工作；看故障灯、故障代码或控制电路的信号输入/输出指示是否正确；看电器元件外观颜色是否正常等。

2）闻：就是闻电路元件〔如电动机、变压器、继电器、接触器线圈等）是否有异味。

3）摸：就是用手触摸电器元件温度是否异常，拨动接线圈是否松动等（要注意安全）。

4）其他检测方法：如根据故障代码、借助仪器仪表（万用表、钳形电流表、绝缘电阻表等）检测电路中各参数是否正常，从而分析判断故障所在。

最后，根据电路原理图确定故障性质，准确分析判断故障范围，制定切实可行的维修方案。

3. 电梯电气故障的常用检查方法

首先，用程序检查法确定故障出于哪个环节电路，然后再确定故障出于此环节电路上的哪个电器元件的触点上。

（1）程序检查法

程序检查法是把电气控制电路的故障确定在具体某个电路范围内的主要方法。

电梯正常运行过程都会经过选层、定向、关门、起动、运行、换速、平层、开门的过程循环。其中每一步称为一个工作环节，实现每一个工作环节的控制电路称为工作环节电路。这些电路都是先完成上一个环节才开始下一个工作环节，一步跟着一步，一环紧扣一环。所谓程序检查法，就是维修人员模拟电梯的操作程序，观察各环节电路的信号输入和输出是否正常。如果某一信号没有输入或输出，说明此环节电路故障，维修人员可以根据各环节电路的输入、输出指示灯的动作顺序或电器元件的动作情况判断故障出自哪一个控制环节电路。

（2）电压法

所谓电压法，就是用万用表的电压挡检测电路某一元器件两端的电位高低，来确定电路（或触点）工作情况的方法。使用电压法，可以测定触点的通或断。当触点两端的电位一样，即电压降为零，也就是电阻为零，判断触点为接通状态；当触点两端电位不一样，电压降等于电源电压，也就是触点电阻为无限大，即可判断触点为断开状态。

（3）短接法

短接法就是用一段导线逐段接通控制电路中各个开关触点（或线路），模拟该开关（或线路）闭合（或接通）来检查故障的方法。短接法只是用来检测触点是否正常的一种方法。当发现故障点后，应立即拆除短接线，不允许用短接线代替开关或开关触点的接通。

短接法主要用来寻找电路的断点，如安全回路故障。电梯正常运行时，所有的安全开关与电器触点都处于接通状态，因为串联在安全回路上的各安全开关安装位置比较分散，一旦其中一个安全开关或继电器触点意外断开或接触不良，将会造成安全回路不能工作，导致电梯无法运行。在这种情况下，短路法是较为有效的方法。下面介绍用短接法查找安全回路故障的步骤。

1）检测时，一般先检查电源电压，看是否正常。在电源电压正常的情况下，继而检查开关、元器件触点应该接通的两端，若电压表指示电源电压值，则说明该元器件或触点断路；若线圈两端电压值正常，但继电器不吸合，则说明该线圈断路或损坏。

2）对于初步判断为断开的开关、元器件触点，可用一根短接线模拟接通该断点，若电路恢复正常，则可确定该点故障。

3）松开短接线，修复触点或更换元器件。

（4）断路法

电梯电气控制电路有时还会出现不该接通的触点被接通，造成某一环节电路提前动作，使电梯出现故障。排除这类故障的最好方法是断路法。所谓断路法，就是把产生上述故障的可疑触点或接线强行断开，排除短路的触点或接线，使电路恢复正常的方法。如定向电路，如果某一层的内选触点烧结，就会出现不选层也会自动定向的故障。这时最好使用断路法把可疑的某一层内选零件触点的连接线拆开，如果故障现象消失了，就说明故障判断正确。

断路法主要用于排除"或"逻辑关系的控制电路触点被短路的故障。

（5）分区分段法

对于因故障造成对地短路的电路，保护电路熔断器的熔体必然熔断。这时，可以在切断电源的情况下，使用万用表的电阻挡按分区、分段的方法进行全面测量，逐步查找，把对地短路点找出来。也可以利用熔断器作为辅助检查方法，此方法就是把好的熔断器安装上，然后分区、分段送电，查看熔断器是否熔断。如果给 A 区电路送电后熔断器不熔断，而给 B 区电路送电后熔断器立即熔断，这说明短路故障点肯定发生在 B 区。如 B 区比较大，还可以把其分为若干段，然后再按上述方法分段送电检查。

采用分区分段法检查对地短路的故障，可以很快地将故障范围缩到最小。然后再断开电源，用万用表电阻挡找出对地短路点，把故障排除。

查找电梯电气控制电路故障的方法主要有上述五种。此外，还有替代法、电流法、低压灯光检测法、铃声检测法等。

在本项目中作为维修举例的 YL-777 教学电梯的电路图（以及图中的接线端编号等），请查阅该设备的电气图纸（在附录Ⅱ中列出了部分电路图）。

 # 学习任务4.1 电气控制柜的维修

 ## 基础知识

电梯的机房电气控制柜

1. 机房电气控制柜简介

电梯的电气控制柜通常安装在机房内。YL-777 型电梯的电气控制柜如图 4-1 所示，其主要的电器元件见表 4-1。

图 4-1　机房电气控制柜

表 4-1　机房电气控制柜主要电器元件

序号	名　称	符号	型号/规格	单位	数量
1	配电箱总电源开关	QPS	AC 380V	个	1
2	断路器	NF1	AC 380V	个	1
3	断路器	NF2	AC 220V　4A	个	1
4	断路器	NF3	AC 110V　3A	个	1
5	断路器	NF4	DC 110V　4A	个	1
6	相序继电器	NPR		个	1
7	变压器	TR1		个	1
8	整流桥	BR1	AC 110V/ DC 110V	个	1
9	安全接触器	MC		个	1
10	开关电源	SPS		个	1
11	抱闸接触器	JBZ		个	1
12	运行接触器	CC		个	1
13	门锁继电器	JMS		个	1

（续）

序号	名　称	符号	型号/规格	单位	数量
14	主控制电路板	MCTC-MCB		块	1
15	再平层控制板	SCB-A1		块	1
16	门旁路控制板	MSPL		块	1
17	锁梯继电器	JST		个	1
18	检修转换开关	INSM		个	1
19	控制柜急停开关	EST1		个	1
20	机房检修上行按钮	MICU		个	1
21	机房检修下行按钮	MICD		个	1
22	计数器	JSQ			
23	制动电阻	ZDR			
24	电阻	RB2			
25	机房电话机	FDH		个	1
26	排风扇	FAN1		个	1

2. 机房电气控制柜电源电路的工作原理

YL-777 型电梯的电源电路如附录 Ⅱ 中图 Ⅱ-1 所示，由机房电源箱提供 380V 三相交流电压，经主变压器隔离（降压）后产生三路电压输出，作为各控制电路的工作电源。具体分析如下：

1）由机房电源箱提供 380V 三相交流电压经配电箱总电源开关 QPS、断路器 NF1 控制，一路送相序继电器 NPR，一路送主变压器 TR1 的 380V 输入端。经主变压器降压后，分交流 110V 和交流 220V 两路输出。交流 220V 经断路器 NF2 和安全接触器 MC 的动合触点后，分别送开关电源以及作为光幕控制器和变频门机控制器电源送出。交流 110V 经断路器 NF3 控制后，一路作为安全接触器和门锁接触器线圈电源送出，一路送整流桥整流后输出直流 110V 电压，为抱闸装置供电。

2）开关电源输出直流 24V，经锁梯继电器动断触点控制，为微机主控制板以及层楼显示器供电。

3）由机房电源箱送来的 220V 单相交流电经控制柜后作为各照明电路的电源和应急电源输入端。

工作步骤

步骤一：实训准备

1）实训前，先由指导教师进行安全与规范操作的教育。

2）按照"学习任务 1.2"的规范要求做好维保前的准备工作。

步骤二：检修电梯电气故障的准备工作

1）检查是否做好了电梯发生故障的警示及相关安全措施。

2）向相关人员（如管理人员、乘用人员或司机）了解故障情况。

3）按规范做好检修人员的安全保护措施。

步骤三：机房电气控制柜检修的步骤与方法

1）在电源总开关断开的情况下，对控制柜的部件实施"看、闻、摸"的检查方法。若没有发现明显的故障部位（故障点），再进行以下操作。

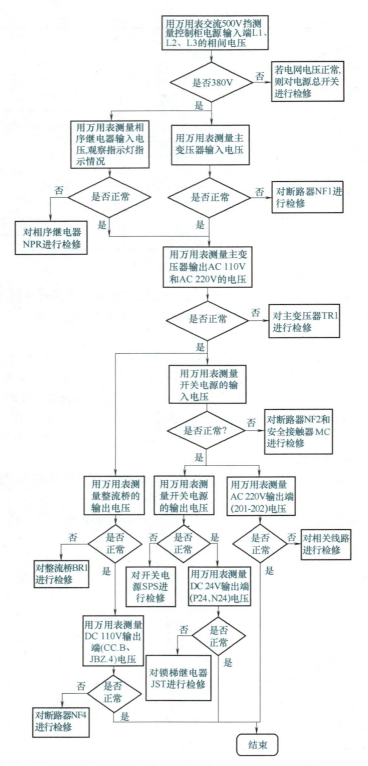

图4-2 机房电气控制柜电源电路故障检修流程图

2）判断电网 380V 供电是否正常，然后按图 4-2 所示流程进行检修（也可以从各电源电压输出端开始，用电压法反向测量，如图 4-3 所示）。

图 4-3　测量安全接触器的线圈电压

3）在电网 380V 供电正常的情况下，接通电源总开关，通过观察，如果故障比较明显，则可直接对局部电路进行检修，不必按图 4-2 所示流程进行检修。

步骤四：机房电气控制柜典型故障诊断与排除的步骤与方法

现以安全接触器回路故障为例，对机房电气控制柜电路故障进行诊断与排除。

1. 故障现象

合上总电源、基站电源锁开关转至工作状态后，通过观察发现安全接触器没有吸合。

2. 故障检测与排除

先用万用表交流电压挡测量其线圈有没有电压（见图 4-3），如果没有电压，则首先检查安全回路是否接通。具体操作步骤是：

1）先断开电源总开关，断开安全接触器线圈的一端，测量安全回路的电阻值，如果为零，则表明安全回路没有断开点。

2）恢复供电，测量安全回路的电源输入端 NF3.2 和 110VN 的电压，结果为零，经检查发现故障原因是从断路器 NF3 引出的 NF3.2 端接触不良，造成安全回路的电源电压不正常，安全接触器不吸合，所以电梯不能运行。

3）重新把该接线端接牢固，故障排除，电梯恢复正常。

4）又如，经检查，层楼显示器没有 DC 24V 电源供给，则可参照图 4-4 对电源配电环节的对应回路进行检测（请读者自行分析）。

步骤五：填写维修记录单

检修工作完成后，维修人员须填写维修记录单，经自己签名并经用户签名确认后方可结束检修工作。电梯维修记录单的格式可参照表 3-5。

 评价反馈

（一）自我评价（40 分）

由学生根据学习任务完成情况进行自我评价，将评分值记录于表 4-2 中。

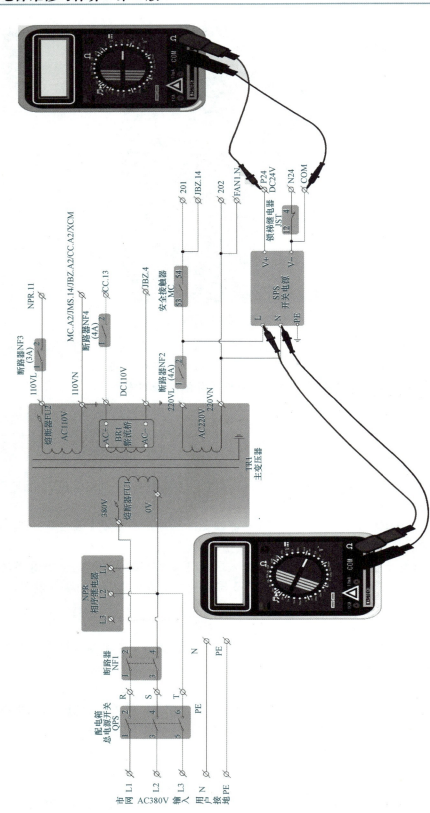

图 4-4 检测 DC24V 电源配电环节故障示意图

表 4-2　自我评价

学习任务	项目内容	配分	评分标准	扣分	得分
学习任务 4.1	1. 安全意识	10 分	1. 不按要求穿着工作服、戴安全帽、穿防滑电工鞋（扣 1~3 分） 2. 不按要求进行带电或断电作业（扣 1~2 分） 3. 不按安全要求规范使用工具（扣 1~3 分） 4. 其他违反安全操作规范的行为（扣 1~2 分）		
	2. 断路器故障	16 分	1. 故障检测操作不规范（扣 4 分） 2. 故障部分判断不正确（扣 4 分） 3. 故障未排除（扣 4 分） 4. 维修记录单内容共 4 项，填写不正确，每项扣 1 分，共计 4 分		
	3. 相序继电器故障	16 分	1. 故障检测操作不规范（扣 4 分） 2. 故障部分判断不正确（扣 4 分） 3. 故障未排除（扣 4 分） 4. 维修记录单内容共 4 项，填写不正确，每项扣 1 分，共计 4 分 5. 故障检测操作不规范（扣 4 分）		
	4. 主变压器故障	16 分	1. 故障检测操作不规范（扣 4 分） 2. 故障部分判断不正确（扣 4 分） 3. 故障未排除（扣 4 分） 4. 维修记录单内容共 4 项，填写不正确，每项扣 1 分，共计 4 分		
	5. 整流桥故障	16 分	1. 故障检测操作不规范（扣 4 分） 2. 故障部分判断不正确（扣 4 分） 3. 故障未排除（扣 4 分） 4. 维修记录单内容共 4 项，填写不正确，每项扣 1 分，共计 4 分		
	6. 开关电源故障	16 分	1. 故障检测操作不规范（扣 4 分） 2. 故障部分判断不正确（扣 4 分） 3. 故障未排除（扣 4 分） 4. 维修记录单内容共 4 项，填写不正确，每项扣 1 分，共计 4 分		
	7. 职业规范和环境保护	10 分	1. 工作过程中，工具和器材摆放凌乱，扣 1~3 分 2. 不爱护设备、工具，不节省材料（扣 1~3 分） 3. 工作完成后不清理现场，工作中产生的废弃物不按规定处置，各扣 1 分（若将废弃物遗弃在井道内的可扣 4 分）		

总评分 =（1~7 项总分）× 40%

签名：＿＿＿＿＿＿＿　＿＿＿＿＿年＿＿＿月＿＿＿日

（二）小组评价（30 分）

由同一实训小组的同学结合自评的情况进行互评，将评分值记录于表 4-3 中。

表4-3 小组评价

项 目 内 容	配 分	评 分
1. 实训记录与自我评价情况	30分	
2. 相互帮助与协作能力	30分	
3. 安全、质量意识与责任心	40分	

总评分 =（1～3项总分）×30%

参加评价人员签名：_____ _____年____月____日

（三）教师评价（30分）

由指导教师结合自评与互评的结果进行综合评价，并将评价意见与评分值记录于表4-4中。

表4-4 教师评价

教师总体评价意见：

教师评分（30分）	
总评分 = 自我评分 + 小组评分 + 教师评分	

教师签名：_____ _____年____月____日

学习任务4.2 安全保护电路的维修

基础知识

电梯的安全保护电路

1. 安全保护电路的作用

电梯安全保护电路的作用是：当电梯在运行中出现一些不安全因素，某些部件出现问题，或在维修时需要在相应的位置上对维修人员采取一些安保的措施时，断开安全接触器MC的回路，使电梯停止运行。

2. 电路的组成与工作原理

YL-777型电梯的安全保护电路如附录Ⅱ中图Ⅱ-4所示（图中上部A、B图区）。由图可见，该电路由安全接触器MC的线圈回路构成，将有关电器的触点串联在MC的线圈回路中。若任一电器的触点（因故障或在维修时人为）断开，则MC线圈断电，进而切断微机主板、变频器等的供电电源，电梯停止运行，从而起到保护作用。

由图Ⅱ-4可见，电梯安全保护电路由相序继电器（NPR）、控制柜急停开关（EST1）、盘车轮开关（PWS）、上极限开关（DTT）、下极限开关（OTB）、缓冲器开关（BUFS）、限速器开关（GOV）、安全钳开关（SFD）、紧急电动继电器（JDD）、紧急电动开关（INSM）、轿顶急停按钮（EST3）、轿内急停按钮（EST4）、底坑急停按钮（EST2A）、底坑检修盒急停按钮（EST2B）、底坑张紧轮开关（GOV1）和安全接触器MC等组成。安全保护电路部分电器元件的实物如图4-5所示。

限速器超速开关　　　　下强迫缓速开关 下限位开关 下极限开关　　　底坑急停按钮

张紧装置断绳开关　　　　　缓冲器开关　　　　　　　　轿顶急停按钮

轿内急停按钮

盘车轮开关

控制柜急停按钮　　　相序继电器　　安全接触器

图 4-5　安全保护电路的电器元件

 工作步骤

步骤一：实训准备

1）实训前，先由指导教师进行安全与规范操作的教育。

2）按照"学习任务 1.2"的规范要求做好维保前的准备工作。

3）向相关人员（如管理人员、乘用人员或司机）了解故障情况。

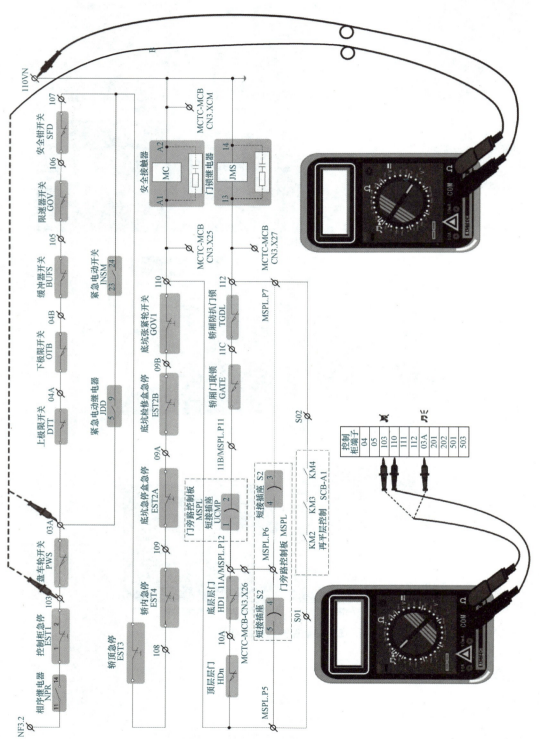

图 4-6 查找安全保护电路故障示意图（一）

4）查看外部供电是否正常。

5）检查安全接触器动作是否正常。

步骤二：电梯安全保护电路故障判断与排除的步骤与方法

电梯运行的先决条件是安全保护回路的所有开关、元器件触点都处于接通状态，安全接触器 MC 得电吸合。由于安全保护电路是 MC 线圈的串联回路，任何一个开关或电器触点断开、接触不良都会造成回路断开，MC 都不能工作，使电梯无法运行。由于串联在回路上各开关、元器件的安装位置比较分散，难以迅速找出故障点。目前常采用电压法结合短接法查找故障点，主要步骤如下。

1）检测时，一般先检查电源电压，判断是否正常。继而可检查开关、元器件触点应该接通的两端，若电压表上没有指示，则说明该元器件或触点断路。若线圈两端的电压值正常，但接触器（继电器）不吸合，则说明该元器件已损坏（如线圈断路）。

2）下面举例说明用电压法检查安全保护电路故障的步骤（见图 4-6）。

① 先用万用表交流电压挡测量 NF3.2 与 110VN 之间是否有 110V 电压，如果有则说明回路电源正常。

② 然后将一支表笔固定在"110VN"端，另一支表笔在其他接线端逐点测量。如在接线端"03A"处，电压表没有 110V 电压指示，则说明"NF3/2"端到"03A"端之间的元器件不正常，故障点应在该范围内寻找。

③ 假设将表笔置于接线端"03A"处有电压指示，而将表笔置于下一个点"103"处时没有电压指示，则可以初步断定故障点应该在接线端"103"与"03A"之间的盘车轮开关 PWS 上。此时，可用短接线短接"103"与"03A"，如果安全接触器 MC 吸合，则说明故障应在盘车轮开关上，然后对该元器件进行修复或更换，从而排除故障。

> **注意：** 短接法只是用来检测触点是否正常的一种方法，须谨慎采用。当发现故障点后，应立即拆除短接线，不允许用短接线代替开关或开关触点的接通。短接法只能寻找电路中串联开关或触点的断点，而不能判断电器线圈是否损坏（断路）。

3）也可以采用电阻法检测触点是否断开，主要步骤如下。

① 注意应在电路断电的情况下操作，保证回路不带电。首先，把断路器 NF1 拨到断开位置，断开电源，用万用表交流电压挡测量 NF3.2 与 110VN 之间是否有 110V 电压。

② 然后把断路器 NF3 拨到断开位置，用万用表电阻挡逐点测量（见图 4-7）。例如，在机房电气控制柜内的接线端找到编号为 110VN、03A 和 103 的接线端，分别测量 110 VN 与 03A 端、110 VN 与 103 端的通断情况，如果前者接通后者没通。显然，故障断点发生在 03A 与 103 两端的盘车轮开关 PWS 上。

③ 如果想加快检查的速度，也可以采用优选法分段测量，如图 4-8 所示，请自行分析并写出操作步骤。

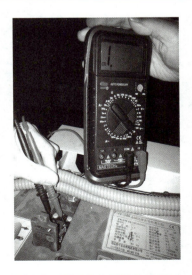

图 4-7　测量盘车轮开关的通断

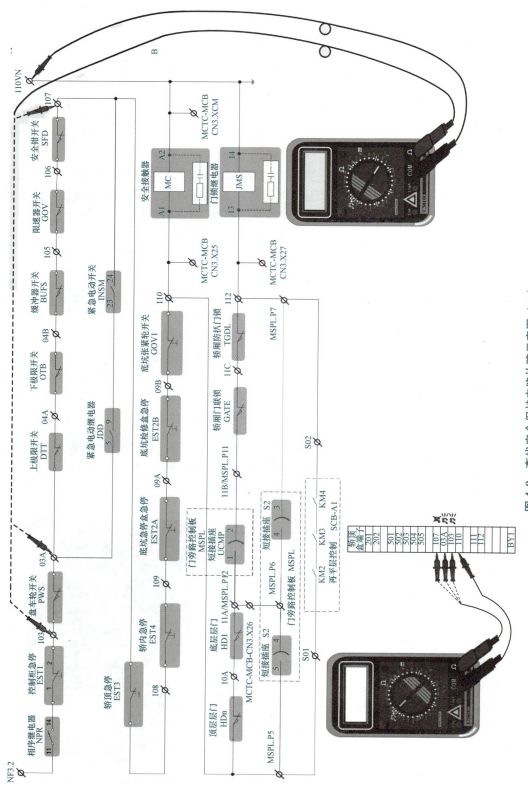

图 4-8 查找安全保护电路故障示意图（二）

步骤三：填写维修记录单

检修工作完成后，维修人员须填写维修记录单，经自己签名并经用户签名确认后方可结束检修工作。电梯维修记录单的格式可参照表3-5。

 **评价反馈**

（一）自我评价（40分）

由学生根据学习任务完成情况进行自我评价，将评分值记录于表4-5中。

表4-5　自我评价

学习任务	项目内容	配分	评分标准	扣分	得分
学习任务 4.2	1. 安全意识	12分	1. 不按要求穿着工作服、戴安全帽、穿防滑电工鞋（扣1~2分） 2. 在轿顶操作未系好安全带（扣1分） 3. 不按要求进行带电或断电作业（扣1~2分） 4. 不按安全要求规范使用工具（扣1~2分） 5. 其他违反安全操作规范的行为（扣1~2分）		
	2. 安全保护回路元件1检修	26分	1. 故障检测操作不规范（扣5分） 2. 故障部分判断不正确（扣5分） 3. 故障未排除（扣7分） 4. 维修记录单内容共4项，填写不正确，每项扣2分，共计8分		
	3. 安全保护回路元件2检修	26分	1. 故障检测操作不规范（扣5分） 2. 故障部分判断不正确（扣5分） 3. 故障未排除（扣7分） 4. 维修记录单内容共4项，填写不正确，每项扣2分，共计8分		
	4. 安全保护回路元件3检修	26分	1. 故障检测操作不规范（扣6分） 2. 故障部分判断不正确（扣6分） 3. 故障未排除（扣10分） 4. 维修记录单内容共4项，填写不正确，每项扣2分，共计8分		
	5. 职业规范和环境保护	10分	1. 工作过程中，工具和器材摆放凌乱（扣1~3分） 2. 不爱护设备、工具，不节省材料（扣1~3分） 3. 工作完成后不清理现场，工作中产生的废弃物不按规定处置，各扣1~2分（若将废弃物遗弃在井道内的可扣4分）		

总评分 =（1~5项总分）×40%

签名：_____ _____年____月____日

（二）小组评价（30分）

由同一实训小组的同学结合自评的情况进行互评，将评分值记录于表4-6中。

表4-6　小组评价

项　目　内　容	配　　分	评　　分
1. 实训记录与自我评价情况	30分	
2. 相互帮助与协作能力	30分	
3. 安全、质量意识与责任心	40分	

总评分 =（1～3项总分）× 30%

参加评价人员签名：_____　_____年____月____日

（三）教师评价（30分）

由指导教师结合自评与互评的结果进行综合评价，并将评价意见与评分值记录于表4-7中。

表4-7　教师评价

教师总体评价意见：	
教师评分（30分）	
总评分 = 自我评分 + 小组评分 + 教师评分	

教师签名：_____　_____年____月____日

 学习任务 4.3　电梯控制电路的维修

 基础知识

一、电梯的微机控制电路

1. 微机主板输入接口

YL-777 型电梯采用 NICE1000 一体化控制柜系统，该系统采用的主控板有 27 个输入口（X1～X27，见表4-8），20 个按钮信号采集口（L1～L20，见表4-9），每个接口都带有指示灯，当外围输入信号接通或按钮输入信号接通时，相应的指示灯（绿色 LED 灯）点亮。

2. 微机主板输出接口

微机主板有 23 个输出接口（Y0～Y22，见表4-10），每个接口带有指示灯，当系统输出时，相应的指示灯（绿色 LED 灯）点亮。

表 4-8　微机输入接口

接口	作　用	接口	作　用	接口	作　用
X1	门区信号	X10	下限位信号	X19	上平层开关信号
X2	运行输出反馈信号	X11	上强迫减速信号	X20	下平层开关信号
X3	抱闸输出反馈 1 信号	X12	下强迫减速信号	X21	门旁路输入信号
X4	检修信号	X13	超载信号	X22	抱闸动作输入信号
X5	检修上行信号	X14	门 1 开门限位信号	X23	急停（安全反馈）信号
X6	检修下行信号	X15	门 1 光幕信号	X24	门锁反馈 1 信号
X7	一次消防信号	X16	司机信号	X25	安全回路
X8	锁梯信号	X17	封门输出反馈信号	X26	门锁回路 1
X9	上限位信号	X18	门 1 关门限位信号	X27	门锁回路 2

表 4-9　微机按钮信号采集口

接口	作　用	接口	作　用	接口	作　用
L1	门 1 开门按钮	L8	未使用	L15	未使用
L2	门 1 关门按钮	L9	未使用	L16	2 楼门 1 下召唤
L3	1 楼门 1 内召唤	L10	1 楼门 1 上召唤	L17	未使用
L4	2 楼门 1 内召唤	L11	未使用	L18	未使用
L5	未使用	L12	未使用	L19	未使用
L6	未使用	L13	未使用	L20	未使用
L7	未使用	L14	未使用		

表 4-10　微机输出接口

接口	作　用	接口	作　用	接口	作　用
Y0	未使用	Y8	未使用	Y16	检修输出
Y1	运行接触器输出	Y9	未使用	Y17	上箭头显示输出
Y2	抱闸接触器输出	Y10	BCD 七段码输出	Y18	下箭头显示输出
Y3	节能继电器输出	Y11	BCD 七段码输出	Y19	未使用
Y4	未使用	Y12	未使用	Y20	封门输出
Y5	未使用	Y13	未使用	Y21	蜂鸣器控制输出
Y6	门 1 开门输出	Y14	未使用	Y22	超载输出
Y7	门 1 关门输出	Y15	到站钟输出		

二、电梯的一体化控制器

1. 一体化控制器

现在电梯的控制器已经由分体式发展到一体化式，YL-777 型电梯就是采用默纳克一体化控制器，如图 4-9 所示。一体化控制器保留了分体式控制器优点，同时减小了控制柜的体积,特别是具备了自诊断功能,微机主板自身不停地检测,监控着电梯的待机及运行情况。当出现故障时,系统会根据故障的级别高低作出是否需要停机保护的判断,并且实时地将故障信息呈现出来,在主板面板上有显示屏或多功能数码管,可以直接将故障信息以代码的形式表示,电梯维修人员根据这些故障信息可以快速准确地修复故障,大大提高了工作效率。

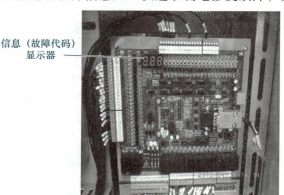

信息(故障代码)显示器

图4-9 一体化控制器

2. 故障代码

如果电梯一体化控制器出现故障报警信息,维修人员将会根据故障代码的类别进行相应的处理,即根据提示的信息进行故障分析,确定故障原因,找出解决方法。亚龙 YL-777 型电梯的故障信息根据对系统的影响程度分为 5 个类别,不同类别的故障处理方法也不同,详见附录Ⅲ的表Ⅲ-1;故障代码见附录Ⅲ的表Ⅲ-2。

 任务实施

步骤一:实训准备

1)实训前,先由指导教师进行安全与规范操作的教育。

2)按照"学习任务 1.2"的规范要求做好维保前的准备工作。

步骤二:电梯微机控制电路的故障诊断与排除

故障一:

1)故障现象:电梯能选层和呼梯,但是关好门后不运行,并且重复开关门。

2)故障分析:电梯能正常选层和呼梯,并且能正常开关门,但不能运行,可见,微机控制的内外呼部分正常、门机系统正常,应该是外围电路未收到反馈,应该仔细观察微机主板的输入接口,如 X23、X24、X26、X27 等输入口是否正常,还可以观察主板是否有故障代码显示。

3)检修过程:仔细观察主板的各个输入接口(看其相应的输入指示灯),重点观察当门关好后,JMS 门锁继电器是否已经吸合,如果吸合,再观察主板的输入接口 X23、X24、X26、X27 是否正常。

最后发现在 JMS 门锁继电器吸合的情况下,X24 输入指示灯没有点亮,电路如图 4-10 所示。经检测,JMS 门锁继电器的 9-5 这对触点接触不良,更换新继电器后故障排除。

故障二:

1)故障现象:电梯能运行,但是到达目的层站平层后,门只开了一条小缝就不继续开

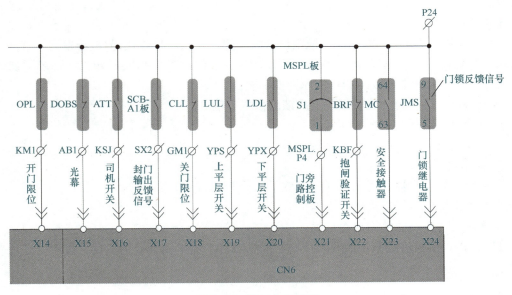

图 4-10 输入接口电路

门了。

2）故障分析：电梯能运行，但是开关门不正常，可见，开关门系统工作不正常。门只开了一条小缝，表明主板发出了开门指令，门机也能执行开门的动作，但是后面的执行过程没完成，所以应该重点检查微机主板与门机之间的指令及应答过程（微机主板的 Y6、Y7、X14、X18 等接口）。

3）检修过程：仔细观察微机的输入与输出指示灯，发现 X14（开门到位）的指示灯一直没亮过，所以可用万用表检查 KM1 端子引线是否存在断线的问题。

最后发现机房控制柜上的 KM1 端子接线存在接触不良，把这个端子重新处理后故障排除。

步骤三：电梯一体化控制器故障代码的查询与检修

故障一：

1）故障现象：电梯保护停梯并显示故障代码"Err36"。

2）故障分析：由于有故障代码显示（Err36），查阅故障代码表可知，"Err36"所表达的意义为运行接触器反馈异常，故障的可能原因如下。

① 运行接触器未输出，但运行接触器反馈有效。

② 运行接触器有输出，但运行接触器反馈无效。

③ 异步电动机起动电流过小。

④ 运行接触器复选反馈点动作状态不一致。

3）检修过程

① 检查接触器反馈触点是否正常。

② 检查电梯一体化控制器的输出线 U、V、W 是否连接正常。

③ 检查接触器控制电路电源是否正常。

最后，检查出接触器反馈触点接触不良（运行接触器 CC 的 22、21 触点），更换新接触器后故障排除。

故障二：

1）故障现象：电梯到站不停，撞限位开关停梯，并显示故障代码"Err30"。

2）故障分析：由于有故障代码显示（Err30），查阅故障代码表可知，"Err30"所表达的意义为电梯位置异常，故障的可能原因如下。

① 电梯自动运行时，旋转编码器反馈的位置有偏差。

② 电梯自动运行时，平层信号断开。

③ 曳引钢丝绳打滑或电动机堵转。

3）检修过程

① 检查平层感应器、遮光板（或隔磁板）是否正常。

② 检查平层信号线连接是否正确。

③ 确认旋转编码器使用是否正确。

最后，检查出机房控制柜的 SCB-A1 电路板的 SX1 输出端子接触不良，重新处理后故障排除。

学习任务4.4 曳引电动机驱动控制电路的维修

基础知识

电梯曳引电动机驱动控制电路

1. 电梯的曳引系统及其控制

电梯曳引系统的作用是产生输出动力，通过曳引力驱动轿厢运行。曳引系统主要由曳引机（包括曳引电动机、减速箱、制动器和曳引轮）、导向轮、曳引钢丝绳等部件组成。曳引电动机的驱动控制电路主要用于控制电动机的起动、加速、匀速、减速、停止等。

2. 变频驱动的时序

曳引电动机的调速控制由控制器发出运行信号（运行接触器 CC 动作），先给三相交流曳引电动机一定的电流（曳引电动机预转矩），此时系统要接收运行接触器动作反馈信号，同时变频器检测通入电动机的三相电流是否平衡，当出现断相或不平衡时，会报警保护，当接收到运行接触器的反馈信号后，发出抱闸张开信号（抱闸接触器 JBZ 动作）。同时系统要接收抱闸动作反馈信号，当接收到抱闸动作的反馈信号后，系统正式给变频器（拖动控制器）发出起动、加速信号，此时曳引电动机运转起来，同时在运行过程中控制系统会接收来自主机轴端旋转编码器发出的数字脉冲以及接收来自井道里的平层感应器（楼层感应器）信号，以达到闭环控制的目的，这样系统就会计算出电梯的运行速度以及运行的距离。

任务实施

步骤一：实训准备

1）实训前，先由指导教师进行安全与规范操作的教育。

2）按照"学习任务1.2"的规范要求做好维保前的准备工作。

步骤二：电梯曳引电动机驱动控制电路检测调节及故障排除

故障一：

1）故障现象：电梯能轿内选层和厅外呼梯，但关门后不能运行（运行接触器 CC 不吸合）。

2）故障分析：因为能选层和呼梯，并且能开关门，可见内外呼系统电路正常，开关门系统电路正常。层门和轿门都已关好，门锁继电器（JMS）吸合，接下来运行接触器（CC）应吸合，但是发现该接触器并没有吸合动作，所以问题应该出自运行接触器线圈回路。相关电路如图 4-11 所示。

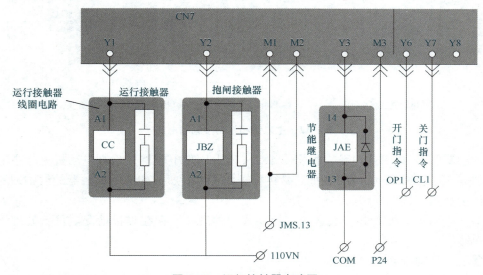

图 4-11　运行接触器电路图

3）检修过程：根据能断电工作就优先断电检修工作的原则，将电梯主电源断开，用万用表的电阻挡进行检测，首先检测运行接触器（CC）的线圈电阻（A1-A2 端），这时应该显示线圈的阻值（约几百欧姆），短路及无穷大都不正常，如正常则再查电路主板 CN7-Y1端子至运行接触器（CC）的 A1 端子的引线、A2 端子至 110VN 的返回端子引线，这两者的引线应该为通路，如断路则不正常。

最后查出运行接触器故障，线圈断路，更换该器件后故障排除。注意更换新器件时，一定要将对应的线号接回原来端子上，核对无误后方可送电试运行。

故障二：

1）故障现象：电梯能轿内选层和厅外呼梯，但关好门后不能运行（抱闸接触器 JBZ 不吸合）并报警保护。

2）故障分析：因为能选层和呼梯，并且能开关门，可见内外呼系统电路正常，开关门系统电路正常。层门和轿门都已关好，门锁继电器（JMS）吸合，根据电梯运行的控制环节，运行接触器（CC）吸合，紧跟着抱闸接触器（JBZ）也应该吸合，但是发现抱闸接触器（JBZ）并没有吸合动作，系统控制环节可能是在运行接触器（CC）与抱闸接触器（JBZ）之间出现问题。由此分析可知，若不是运行接触器（CC）所控制的变频器输出至电动机三相电源端子的回路存在问题，就是抱闸接触器（JBZ）的线圈回路存在问题。相关电路如图 4-12 所示。

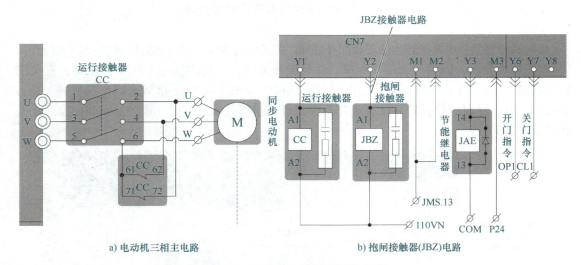

图 4-12 主电路和抱闸接触器电路

3）检修过程：断开主电源，根据图 4-12a 用万用表电阻挡先检查电动机三相主电路各相的线路是否存在断路（开路），如正常再检查图 4-12b 所示的抱闸接触器的线圈回路，检查方法同上例运行接触器线圈回路一样。

最后，查出电动机 U 相接线端子有松动烧蚀的现象，存在虚接情况。重新处理该端子后故障排除。

步骤三：填写维修记录单

检修工作完成后，维修人员须填写维修记录单，经自己签名并经用户签名确认后方可结束检修工作。电梯维修记录单的格式可参照表 3-5。

 评价反馈

（一）自我评价（40分）

由学生根据学习任务完成情况进行自我评价，将评分值记录于表 4-11 中。

表 4-11 自我评价

学习任务	项目内容	配分	评分标准	扣分	得分
学习任务 4.3 4.4	1. 安全意识	10分	1. 不按要求穿着工作服、戴安全帽、穿防滑电工鞋（扣1~2分） 2. 在轿顶操作未系好安全带（扣1分） 3. 不按要求进行带电或断电作业（扣1~2分） 4. 不按安全要求规范使用工具（扣1~2分） 5. 其他违反安全操作规范的行为（扣1~2分）		
	2. 电梯微机控制电路的维修	30分	1. 故障检测操作不规范（扣5分） 2. 故障部分判断不正确（扣5分） 3. 故障未排除（扣7分） 4. 维修记录单内容共4项，填写不正确，每项扣2分，共计8分		

（续）

学习任务	项目内容	配分	评分标准	扣分	得分
学习任务 4.3 4.4	3. 电梯一体化控制器的维修	25 分	1. 故障检测操作不规范（扣 5 分） 2. 故障部分判断不正确（扣 5 分） 3. 故障未排除（扣 7 分） 4. 维修记录单内容共 4 项，填写不正确，每项扣 2 分，共计 8 分		
	4. 电梯曳引电动机驱动控制电路的维修	25 分	1. 故障检测操作不规范（扣 5 分） 2. 故障部分判断不正确（扣 5 分） 3. 故障未排除（扣 7 分） 4. 维修记录单内容共 4 项，填写不正确，每项扣 2 分，共计 8 分		
	5. 职业规范和环境保护	10 分	1. 在工作过程中工具和器材摆放凌乱（扣 1～3 分） 2. 不爱护设备、工具，不节省材料（扣 1～3 分） 3. 在工作完成后不清理现场，在工作中产生的废弃物不按规定处置，各扣 1～2 分（若将废弃物遗弃在井道内的可扣 4 分）		

总评分 =（1～5 项总分）×40%

签名：_____　_____年____月____日

（二）小组评价（30 分）

由同一实训小组的同学结合自评的情况进行互评，将评分值记录于表 4-12 中。

表 4-12　小组评价

项目内容	配　分	评　分
1. 实训记录与自我评价情况	30 分	
2. 相互帮助与协作能力	30 分	
3. 安全、质量意识与责任心	40 分	

总评分 =（1～3 项总分）×30%

参加评价人员签名：_____　_____年____月____日

（三）教师评价（30 分）

由指导教师结合自评与互评的结果进行综合评价，并将评价意见与评分值记录于表 4-13 中。

表 4-13　教师评价

教师总体评价意见：	
教师评分（30 分）	
总评分 = 自我评分 + 小组评分 + 教师评分	

教师签名：_____　_____年____月____日

学习任务 4.5 开关门电路的维修

 ### 基础知识

电梯的自动开关门系统

YL-777 型电梯的开关门系统由开关门控制系统、开关门电动机和开关门按钮、开关门位置检测开关和保护光幕等组成，如图 4-13 所示。该系统采用变频门机作为驱动自动门机构的原动力，由门机专用变频控制器控制门机的正、反转，减速和转矩保持等功能，其控制电路原理图如附录Ⅱ中图Ⅱ-10 所示。电梯控制系统根据电梯运行的控制环节向门机控制系统发出开、关门的指令和信号，实现对门机的控制。在开关门过程中，变频门机借助专用的位置编码器实现自动平稳调速。为保证安全，电梯的轿门和层门不能随意开，因此电梯内呼系统的开关门按钮只是起向微机主控制器发出信号的作用。微机主控制器根据电梯的工作状态和当前运行情况最终决定是否开门或关门，并向开关门控制器发出指令。

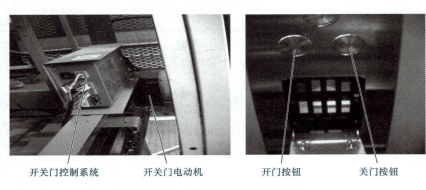

开关门控制系统　　　　开关门电动机　　　　　开门按钮　　　　关门按钮

图 4-13　开关门系统组成示意图

1. 电梯开关门的方式

根据电梯的工作状态和当前运行情况，电梯开关门有以下几种方式。

（1）自动开门

当电梯进入低速平层区停站之后，电梯微机主板发出开门指令，门机接收到此信号后自动开门，当门开足到位时，开门限位开关信号断开，电梯微机主板得到此信号后停止开门指令信号的输送，开门过程结束。

（2）立即开门

当在关门过程中或关后电梯尚未起动需要立即开门时，可按轿厢内操纵箱的开门按钮，电梯微机主板接收到该信号后，立即停止输送关门指令，发出开门指令，使门机停止关门并立即开门。

（3）厅外本层开门

在自动运行状态下，当自动关门或关门后电梯未起动时，按下本层厅外的召唤按钮，电梯微机主板收到该信号后，即发出指令使门机停止关门并立即开门。

（4）安全触板或光幕保护开门

在关门过程中，安全触板或门光幕被人为障碍遮挡时，电梯微机主板收到该信号后，立即停止输送关门指令，发出开门指令，使门机停止关门并立即开门。

（5）自动关门

在自动运行状态下，停车平层后，门开启约 6s，在电梯微机主板内部逻辑的定时控制下，自动输出关门指令，使电梯自动关门，门完全关闭后，关门限位开关信号断开，电梯微机主板得到此信号后停止关门指令信号的输送，关门过程结束。

（6）提前关门

在自动运行状态下，电梯开门结束后，一般等 6s 后再自动关门，但此时只要按下轿厢内操纵箱的关门按钮，电梯微机主板收到该信号后，立即输送关门指令，使电梯立即关门。

（7）司机状态的关门

在有司机运行状态下，不再延时 6s 自动关门，而需要由轿厢内操纵人员持续按下关门按钮才可以关门并到位。

（8）检修时的开关门

在检修运行状态下，开关门只能由检修人员操作。如处在门开启状态时，检修人员按上行或下行检修按钮，电梯门执行自动关门程序，门自动关闭。

2. 自动开关门系统电气故障的类型

自动开关门系统常见电气故障的类型有以下几种：

1）自动开门故障。

2）立即开门故障。

3）厅外本层开门故障。

4）安全触板或光幕保护开门故障。

5）自动关门故障。

6）提早关门故障。

7）司机状态关门故障。

8）检修时的开关门故障。

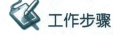 **工作步骤**

步骤一：实训准备

1）实训前，先由指导教师进行安全与规范操作的教育。

2）按照"学习任务 1.2"的规范要求做好维保前的准备工作。

步骤二：电梯开关门电路故障诊断与排除方法

1）故障现象：门机不开门（有开门指令输入门机变频驱动板，但门机不开门。）

2）故障分析：检查有无指令进入门机变频驱动板（以下简称门机板）对于故障的判断很关键。若无指令进入门机板，则与门机板和门机都没关系；如果有指令进入门机板，则与门机板输出和门机有关系，如图 4-14 所示。

3）检修过程：因为有指令进入门机板，所以重点检查门机控制系统输出的三相电源线、门电动机是否正常，电路如图 4-15 所示。

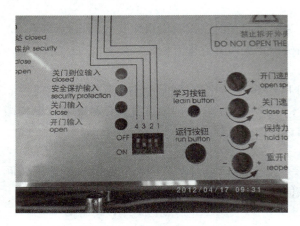

图 4-14 门机板信号指示灯

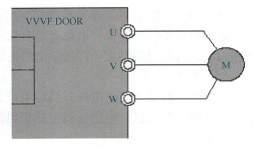

图 4-15 门机电路

断开门机控制电源。用万用表电阻挡对门机控制系统的三相输出电源线进行检测，对门电动机进行三相绕组的电源端子检测，看其三相绕组阻值是否平衡。最后发现 W 相电源线断路，更换同规格的新线后故障排除。

步骤三：填写维修记录单

检修工作完成后，维修人员须填写维修记录单，经自己签名并经用户签名确认后方可结束检修工作。电梯维修记录单的格式可参照表 3-5。

 学习任务 4.6 呼梯与层楼显示系统的维修

 基础知识

一、电梯呼梯与层楼显示系统

1. 外召唤与层楼显示系统

亚龙 YL-777 型电梯的外召唤与层楼显示系统包括基站的外召唤箱和二楼的外召唤箱，如图 4-16 所示，外呼系统电路如附录Ⅱ中图Ⅱ-8 所示。

2. 轿厢内呼梯系统

亚龙 YL-777 型电梯的轿内操纵箱如图 4-17 所示，操作面板上有开、关门按钮，选层按钮，报警按钮和五方通话按钮及层楼显示器。内呼系统电路如附录Ⅱ中图Ⅱ-7 所示，当乘客按下选层按钮，选层按钮内置的发光二极管点亮，同时选层信号通过线路传送到微机主控制器。若电梯不在该层，选层信号被登记，选层按钮指示灯点亮。

二、电梯呼梯与层楼显示方式及功能

1. 轿内操纵箱

轿内操纵箱是操纵电梯运行的控制中心，通常安装在靠近轿门的轿壁上，外面仅露出操纵盘面，盘面上装有根据电梯运行功能设置的按钮和开关，而按钮的操作形式、操纵盘的结

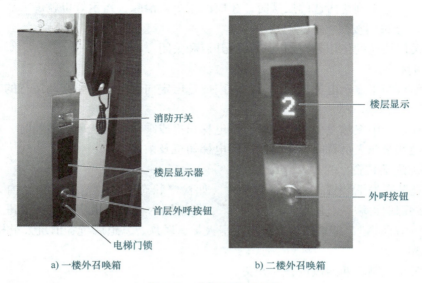

a) 一楼外召唤箱　　　　　b) 二楼外召唤箱

图 4-16　电梯厅外召唤箱

a) 轿内操纵箱面板　　　　　b) 轿内操纵箱后面板

图 4-17　电梯轿内操纵箱

构形式与电梯的控制方式及层站数有关。普通客梯操纵盘上装有的按钮、开关及其功能如下。

（1）运行方式开关

电梯的主要运行方式有自动（无司机）运行方式、手动（有司机）操纵运行方式、检修运行方式以及消防运行方式。操纵盘上装有用于选择控制电梯运行方式的开关（或钥匙开关），可分别选择自动、有司机操纵、检修运行方式。

（2）选层按钮及指示

操纵盘上装有与电梯停站层数相对应的选层按钮，通常按钮内装有指示灯。当按下欲去层站的按钮后，该指令被登记，相应的指示灯点亮；未停靠在预选层楼时，选层按钮内的指示灯仍然亮；当电梯到达所选的层楼时，相应的指令被消除，指示灯也就熄灭。

（3）开门与关门按钮

开门与关门按钮的作用是控制电梯轿门开启和关闭。

（4）方向指示灯

方向指示灯用于显示电梯目前的运行方向或选层定向后电梯将要起动运行的方向。

（5）警铃按钮

当电梯在运行中突然发生故障停车，而电梯司机或乘客又无法离开轿厢时，可以按下警铃按钮，以通知维修人员及时援救轿厢内的电梯司机及乘客。

（6）多方通话装置

在轿内还装有通话装置，以便在需要时（如检修状态或紧急情况下）轿内人员可通过通话装置与外部取得联系。所谓"三方通话"，即轿厢内人员与机房人员、值班人员相互通话；所谓"五方通话"，即轿厢内人员与机房人员、轿顶、井道底坑、值班人员相互通话。

（7）风扇开关

风扇开关是控制轿厢通风设备的开关。

（8）照明开关

照明开关用于控制轿内的照明设施。其电源不受电梯动力电源的控制，当电梯故障或检修停电时，轿内仍有正常照明。

（9）停止按钮（急停按钮）

当出现紧急状态时按下停止按钮，电梯立即停止运行。

2. 呼梯按钮箱

呼梯按钮箱是提供给厅外乘用人员召唤电梯的装置。在下端站只装一个上行呼梯按钮，上端站只装一个下行呼梯按钮，其余的层站根据电梯功能，有的装上呼和下呼两个按钮（全集选），也有的仅装一个下呼梯按钮（下集选），各按钮内均装有指示灯。当按下向上或向下按钮时，相应的呼梯指示灯立即点亮。当电梯到达某一层站时，该层顺向呼梯指示灯熄灭。

另外，在基站层门外的呼梯按钮箱上方设置消防开关，消防开关接通时，电梯进入消防运行状态。在基站呼梯按钮箱上设置锁梯开关。

3. 层楼指示器

电梯层楼指示器（指层灯）用于指示电梯轿厢目前所在的位置及运行方向。电梯层楼指示器通常有电梯上、下运行方向指示灯和层搂指示灯以及到站钟等，层楼信号的显示方式一般有信号灯、数码管和液晶显示屏三种。

（1）信号灯

一般在旧式的电梯上采用信号灯，在层楼指示器上装有和电梯运行层楼相对应的信号灯，每个信号灯上有数字表示。当电梯轿厢运行到达某层时，该层的层楼指示灯亮，离开该层后对应的指示灯灭。此外，有的还有上、下行指示灯，通常采用"▲"或"↑"表示上行，"▼"或"↓"表示下行。

（2）数码管

数码管层楼指示器一般在微机或 PLC 控制的电梯上使用，层楼显示器上有译码器和驱动电路。通过数码管显示轿厢到达的层站，如图 4-18 所示。

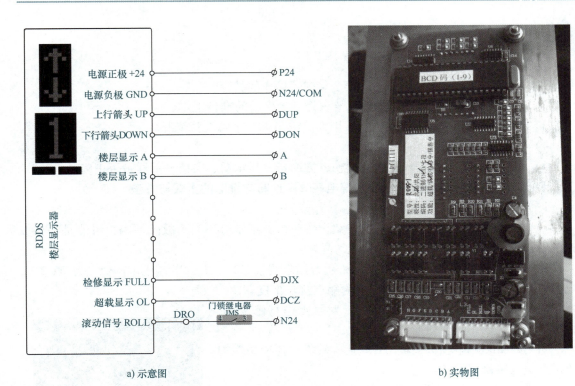

a) 示意图   b) 实物图

图 4-18　层楼显示器

一般群控电梯除首层（基站）层门装有数码管的层楼指示器外，其他层站层门只装有上、下方向指示灯和到站钟。

此外，有的电梯还配有语音提示，随时提醒电梯的运行方向和到达层楼。

（3）液晶显示屏

较新的电梯上多采用液晶显示屏，如图 4-19 所示。除显示层站与运行方向信号外，还可以有其他的信息显示（如广告）。

图 4-19　液晶显示屏

 **工作步骤**

步骤一：实训准备

1）实训前，先由指导教师进行安全与规范操作的教育。

2）按照"学习任务1.2"的规范要求做好维保前的准备工作。

3）向相关人员（如管理人员、乘用人员或司机）了解故障情况。

4）查对故障代码。

5）现场检查按钮及面板是否有损伤，方向指示显示器、层楼显示器是否正确显示。

步骤二：电梯呼梯与层楼显示系统电气故障诊断与排除的步骤与方法

1. 电梯不响应外召唤信号

1）故障现象：按下一楼外呼梯按钮，按钮内置指示灯不亮。故障原因：可能是呼梯按钮的触点或接线接触不良、DC 24V电源异常。

2）外呼梯按钮结构如图4-20所示，用万用表测量"2"与"4"端的电压值，为DC 24V，电源正常。由此可初步判断故障原因为触点接触不良。

3）用螺钉旋具松开按钮的后盖，对触点进行修复后，故障排除。

4）按标准检查电梯呼梯与层楼显示系统的各项功能均正常。填写维修记录单。

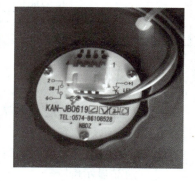

图4-20　外呼梯按钮结构

2. 乘客内呼梯选层不能正常应答

1）故障现象：乘客在一楼，层门和轿门关好后，按下二楼选层按钮，按钮内置指示灯亮，但电梯不运行。故障原因：可能是选层信号未能传输到微机主控制板。

2）检测选层信号传输是否异常，需两人配合操作：一人在轿厢内按下二楼选层按钮，另一人在机房检测微机主控制板的输入信号。二楼选层信号通过主控制板的"L4"端输入（见图4-21），用万用表直流电压挡测量该端电位，如果不是零电位，说明信号传输异常。经检查，故障原因为传输信号线断开，更换备用线后，故障排除。

二楼选层信号输入

图4-21　微机主控制板选层信号输入连接图

3）按标准检查电梯呼梯与层楼显示系统的各项功能均正常。填写维修记录单。

3. 二楼层楼显示器下行指示没有显示

1）按图4-22检测层楼显示器故障，找到故障原因为信号输入端接触不良。

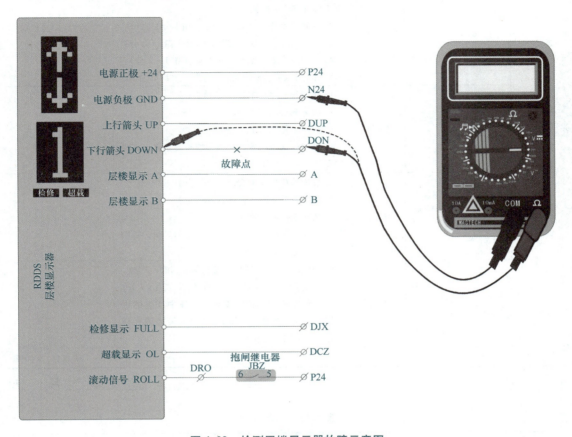

图4-22　检测层楼显示器故障示意图

2）将该信号输入端重新接牢固，故障排除。

3）按标准检查电梯呼梯与层楼显示系统的各项功能均正常，维修任务完成。

步骤三：填写维修记录单

检修工作完成后，维修人员须填写维修记录单，经自己签名并经用户签名确认后方可结束检修工作。电梯维修记录单的格式可参照表3-5。

 评价反馈

（一）自我评价（40分）
由学生根据学习任务完成情况进行自我评价，将评分值记录于表4-14中。

（二）小组评价（30分）
由同一实训小组的同学结合自评的情况进行互评，将评分值记录于表4-15中。

（三）教师评价（30分）
由指导教师结合自评与互评的结果进行综合评价，并将评价意见与评分值记录于表4-16中。

表4-14 自我评价

学习任务	项 目 内 容	配分	评 分 标 准	扣分	得分
学习任务 4.5 4.6	1. 安全意识	10分	1. 不按要求穿着工作服、戴安全帽、穿防滑电工鞋（扣1~2分） 2. 在轿顶操作未系好安全带（扣1分） 3. 不按要求进行带电或断电作业（扣1~2分） 4. 不按安全要求规范使用工具（扣1~2分） 5. 其他违反安全操作规范的行为（扣1~2分）		
	2. 开关门电路的维修	40分	1. 故障检测操作不规范（扣5分） 2. 故障部分判断不正确（扣5分） 3. 故障未排除（扣7分） 4. 维修记录单内容共4项，填写不正确，每项扣2分，共计8分		
	3. 呼梯与层楼显示系统的维修	40分	1. 故障检测操作不规范（扣5分） 2. 故障部分判断不正确（扣5分） 3. 故障未排除（扣7分） 4. 维修记录单内容共4项，填写不正确，每项扣2分，共计8分		
	4. 职业规范和环境保护	10分	1. 工作过程中，工具和器材摆放凌乱（扣1~3分） 2. 不爱护设备、工具，不节省材料（扣1~3分） 3. 工作完成后不清理现场，工作中产生的废弃物不按规定处置，各扣1~2分（若将废弃物遗弃在井道内的可扣4分）		

总评分 = （1~4项总分）×40%

签名：_____ _____年____月____日

表4-15 小组评价

项 目 内 容	配　　分	评　　分
1. 实训记录与自我评价情况	30分	
2. 相互帮助与协作能力	30分	
3. 安全、质量意识与责任心	40分	

总评分 = （1~3项总分）×30%

参加评价人员签名：_____ _____年____月____日

表4-16 教师评价

教师总体评价意见：

教师评分（30分）	
总评分 = 自我评分 + 小组评分 + 教师评分	

教师签名：_____ _____年____月____日

学习任务 4.7 电梯其他电路的维修

基础知识

一、电梯的轿顶检修箱及其他电气设备

1. 轿顶检修箱

轿顶检修箱是机房控制柜与轿厢电气设备的中转站，所有轿厢部分的电气设备接线都将汇总到此，然后经过随动电缆引入机房。因此，轿顶检修箱内部有大量接线，维修保养操作时要注意检修箱内部接线端子不能松动，并且在轿顶工作时不能随意踩踏检修箱。YL-777型电梯的检修控制电路原理图如附录Ⅱ中图Ⅱ-6所示。

2. 门机控制系统

门机控制系统的作用是向电梯微机控制主板发出开关门信号以驱动开关门电动机动作。

3. 光幕控制盒

光幕控制盒安装在轿顶，光幕的发射装置与接收装置则安装在轿门门扇上。光幕控制盒负责检测处理轿门有否乘客或货物进出轿厢，当有物体遮挡发射装置发出的红外光线时，光幕控制盒就会输出一个信号给微机主板。光幕控制盒的电源引线、与微机主板的通信线都是通过轿顶检修箱连接。

4. 平层感应器

平层感应器负责检测平层遮光板的信号，对轿厢的平层起重要作用。平层感应器的电源线与输出信号线也是通过轿顶检修箱连接。

5. 到站钟

当电梯到达预定目的楼层时，到站钟会发出响声，提醒乘客到站。到站钟的电源线与输入信号线都是通过轿顶检修箱连接。

6. 轿顶照明和电源插座

轿顶照明主要用于维修人员在轿顶工作时的照明。按规定，在轿顶面以上1m处的照度至少为50lx。轿顶有电源插座供维修人员使用。YL-777型电梯的轿顶照明和电源插座如图4-23所示。

二、电梯的轿厢内检修盒与照明、通风装置

1. 轿厢内检修盒

检修盒在电梯轿厢内操纵屏的下部，检修盒有专门的钥匙，平常是锁上的，只有管理维护人员或电梯司机在对电梯进行检修维护时才能打开。检修盒内有轿厢照明开关和风扇开关，如图4-24所示。

2. 轿厢内照明和通风装置

轿厢内照明和通风装置如图4-25所示。按规定，轿厢地板上的照度应不小于50lx，轿厢照明设备一般是白炽灯、荧光灯或LED节能灯。轿厢通风设备为轿厢通风，一般采用轿

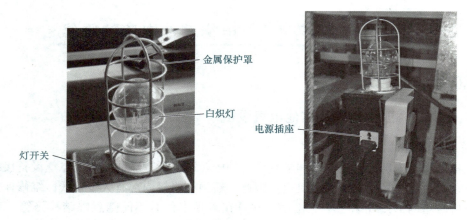

图 4-23 轿顶照明和电源插座

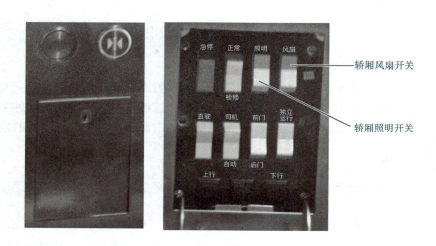

图 4-24 轿厢内检修盒

厢通风电机安装在轿顶上，如图 4-25b 所示。

3. 底坑与井道照明装置

除了轿厢内和轿顶的照明装置外，电梯还设有底坑与井道的照明装置。底坑照明主要用于维修人员在底坑时工作的照明。按规定，在底坑地面上 1m 处的照度至少为 50lx。底坑照明装置如图 4-26 所示。底坑照明开关平常断开，检修人员进入底坑时打开开关，灯亮后方可进入底坑进行操作。

电梯井道应设置亮度适当的永久性照明装置，供检修电梯及应急救援时使用。照明装置的位置为：距井道最高和最低点 0.5m 内各装设一盏灯，中间各相邻两灯的距离不得超过 7m。井道照明灯具的安装位置应选择井道无运行部件碰撞的安全位置，且能有效照亮井道。井道照明灯具配线采用 2.5mm² 塑料线槽敷设，照明灯电源接至机房低压电源箱内，通过其开关可控制井道照明。井道照明灯具外壳要求可靠接地，井道照明一般选用 AC 220V、25W 的灯泡。电梯井道照明装置如图 4-27 所示。

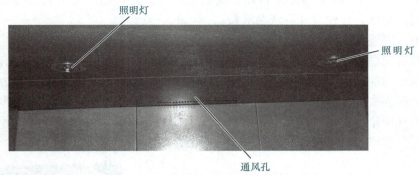

照明灯

照明灯

通风孔

a) 轿厢内照明和通风孔

b) 轿顶通风电机

图 4-25　轿厢内照明和通风装置

金属保护罩

白炽灯

照明开关

图 4-26　底坑照明装置

井道
照明灯

图 4-27　电梯井道照明装置

4. 电梯的照明电源

　　电梯照明电源应与动力电源分开控制。当电梯动力电源失电时，应不影响照明电源所控制的轿厢、机房、井道、底坑照明及轿厢通风、机房插座、报警等装置的正常供电。而当照明电源失电时，应能保障应急电源及时供电。YL-777 型电梯的照明电路图如附录Ⅱ中图Ⅱ-2 所示。

三、电梯的应急装置

　　电梯的应急装置主要安装在轿厢内和轿顶（五方通话分别在值班室、机房、轿厢内、轿顶和底坑），其作用是在电梯发生意外停电或事故时，为轿厢内受困人员提供应急照明、应急报警与对讲电话，方便与外界联系求救。

1. 轿厢内的应急装置

轿厢内装有应急报警装置，在电梯发生故障时，轿厢内乘客可以用该装置向外界发出求援信号；在轿厢内应设有应急照明灯，正常照明电源一旦失效，应急照明灯自动点亮；应急电源则是在电梯失去外部供电的情况下，为轿厢的应急照明灯、应急警铃、对讲电话装置等提供电源。电梯应急电源可自动充电。应急电源、照明与报警装置如图4-28所示。相关的操纵按钮、开关和轿内对讲机都在轿厢内操纵屏上，如图4-29所示。

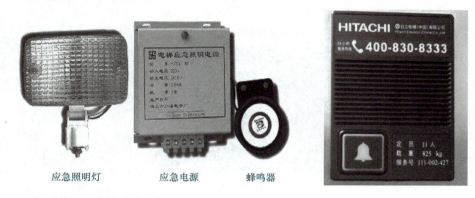

应急照明灯　　应急电源　　蜂鸣器

a) 应急照明与应急电源　　　　　　b) 应急报警装置

图4-28　应急电源、照明和报警装置

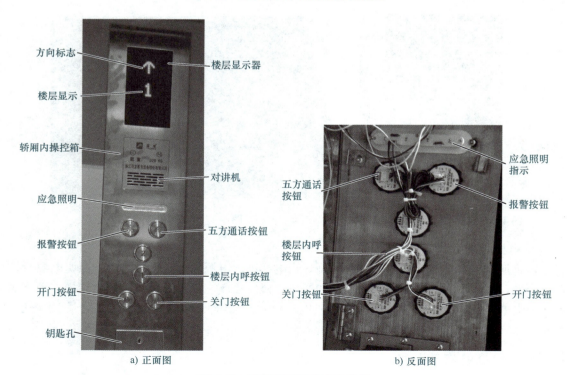

a) 正面图　　　　　　　　　　b) 反面图

图4-29　电梯轿厢内的应急装置

2. 应急通信电路

YL-777 型电梯的应急通信电路如附录Ⅱ中图Ⅱ-11所示。图中，DPS 为应急电源，当外部供电正常时（即 501—502 端子有 220V 电压），应急电源直接输出 12V 直流电压；当外部供电故障时，应急电源由蓄电池输出 12V 直流电压。

3. 对讲装置

当电梯行程大于 30m 或轿厢内与紧急操作地点之间不能直接对话时，轿厢内与紧急操作地点之间应设置紧急报警装置，以便在轿厢、机房、轿顶、底坑、值班室五个地方之间实现对讲通话，方便被困乘客与外界沟通求救。以亚龙 YL-777 型电梯为例，底坑、值班室、机房与轿顶的对讲机安装位置分别如图 4-30a、b、c、d 所示，报警铃、到站钟安装在轿顶上，如图 4-30e 所示。

a) 底坑对讲机安装位置

b) 值班室对讲机安装位置

c) 机房对讲机安装位置

d) 轿顶对讲机安装位置

e) 轿顶报警铃和到站钟安装位置

图 4-30　电梯报警系统在轿厢外的装置

 **任务实施**

步骤一：实训准备

1) 实训前，先由指导教师进行安全与规范操作的教育。

2) 按照"学习任务1.2"的规范要求做好维保前的准备工作。

步骤二：电梯轿顶检修箱控制电路的故障诊断与排除

故障一：

1) 故障现象：到站钟失效。

2) 故障分析：如图4-31所示，造成故障的原因可能是轿顶24V电源不正常、DL1信号线断线或到站钟自身存在故障。

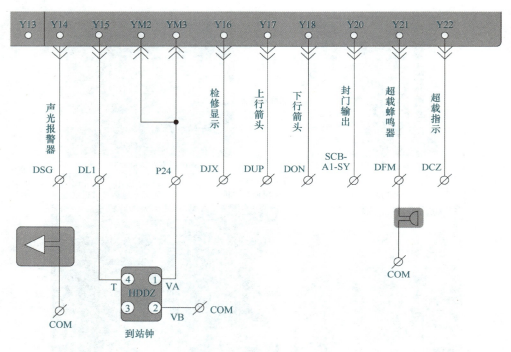

图4-31 到站钟电路

3) 检修过程：安全进入轿顶，先用万用表电压挡检测到站钟的工作电源是否正常，如正常，则检查DL1信号线是否断线，测量由轿顶检修箱的DL1接线端子至到站钟接口4这一段线路是否正常，如正常，则怀疑到站钟自身故障，需更换新器件来验证。

最后，发现轿顶检修箱内的DL1接线端子接触不良，重新调整后故障排除。

故障二：

1) 故障现象：将轿顶的运行状态转换开关置于"检修"位置，不能操作电梯慢车运行。

2) 故障分析：根据附录B中图B-6所示电路分析，造成故障的原因可能是轿顶24V电源不正常、轿顶运行状态转换开关故障、检修共通按钮故障、慢上或慢下按钮故障或电路引线存在断线。

3）检修过程：安全进入轿顶，先用万用表电压挡检查轿顶的 24V 电源是否正常，如正常，则断开电源，拆开轿顶检修盒，用万用表检测检测运行状态转换开关、检测共通按钮、慢上慢下按钮是否正常，如正常，则检查各引线是否断线。

最后，发现检修共通按钮接触不良，更换新按钮后故障排除。

步骤三：电梯照明电路的故障诊断与排除

故障一：

1）故障现象：轿厢照明不亮。

2）故障分析：根据附录 B 中图 B-2 所示电路分析，造成故障的原因可能是轿厢照明开关没有合上或开关坏、轿厢照明灯烧毁、电路引线存在断线。

3）检修过程：先检查轿厢照明开关是否良好，如正常，则检查轿厢照明灯是否损坏（可换一个新的灯具试验），如正常，则检查引线是否断线。

最后，发现轿厢照明开关触点不良，更换新开关后故障排除。

故障二：

1）故障现象：底坑照明灯不亮。

2）故障分析：根据附录 Ⅱ 中图 Ⅱ-2 所示电路分析，造成故障的原因可能是底坑照明开关没有合上或开关坏、底坑照明灯烧毁、电路引线存在断线。

3）检修过程：先检查底坑照明开关是否良好，如正常，则检查底坑照明灯是否损坏（可换一个新的灯具试验），如正常，则检查引线是否断线。

最后，发现底坑照明灯已烧毁，更换一个新灯具后故障排除。

步骤四：电梯应急通信电路的故障诊断与排除

故障一：

1）故障现象：应急照明灯不亮。

2）故障分析：造成故障的原因可能是应急灯自身损坏、应急电源盒故障（不能输出 12V 直流电压）、电路引线存在断线。

3）检修过程：首先，检查端子 401—402 是否有 12V 直流电压（见附录 Ⅱ 中图 Ⅱ-11），如正常，则检查应急灯是否损坏（可换新的应急灯验证），如正常，则检查电路引线是否断线。

最后，发现应急电源盒在无外部供电的情况下不能输出 12V 直流电压，更换新的应急电源盒后故障排除。

故障二：

1）故障现象：轿厢对讲机不能呼叫其他主机。

2）故障分析：造成故障的原因可能是轿厢对讲机呼叫按钮自身损坏、轿厢对讲机自身损坏、电路引线存在断线。

3）检修过程：首先，检查轿厢的对讲机按钮触点是否正常，如正常，则检查引线是否断线，引线正常，则检查轿厢对讲机是否损坏（可换新的对讲机验证）。

最后，发现轿厢对讲按钮触点接触不良，更换新的按钮后故障排除。

步骤五：填写维修记录单

检修工作完成后，维修人员须填写维修记录单，经自己签名并经用户签名确认后方可结束检修工作。电梯维修记录单的格式可参照表 3-5。

学习任务 4.8　电梯电器元件的检修

基础知识

一、电梯主要的电器元件

电梯电气控制系统的元器件主要有断路器（NF3/2）、相序继电器（NPR）、控制柜急停开关（EST1）、限速器开关（GOV）、盘车轮开关（PWS）、上极限开关（DTT）、下极限开关（OTB）、底坑上急停开关（EST2A）、底坑下急停开关（EST2B）、缓冲器开关（BUFS）、张紧轮开关（GOV1）、轿顶急停开关（EST3）、安全钳开关（SFD）、轿内急停开关（EST4）、安全接触器（MC）以及电源总开关、层门锁开关、轿门终端开关等；电气设备还包括平层装置、主控制电路板、开关电源、轿厢内操纵箱和层门外召唤箱等。

二、电器元件的常见故障

电器元件故障是指由于各种原因使其受损坏或不能正常工作的电气故障。常见的故障原因有短路、过载、过电流，这三者可以归结为电流过大。而漏电跳闸的现象则可归结为电器元件的绝缘老化或绝缘不良。电器元件故障通常有以下 3 种类型。

1. 损坏性故障和预告性故障

损坏性故障是电器元件已经损坏的严重故障，如灯丝烧断，灯泡完全不发光；电动机绕组断线，电动机完全不能转动等。对于这类故障，只有通过修复或更换，并且必须排除造成元器件损坏的各种原因之后，才能重新启用或更换。

有些故障元器件尚未损坏，虽然可短时间继续使用，但长此下去将影响设备的正常使用，甚至演变成损坏性故障（如灯泡亮度下降、电动机温升偏高等）。此类故障称为预告性故障。

2. 使用故障或性能故障

电器元件的某些故障虽然对设备本身影响不大，但不能满足使用要求，这种故障称为使用故障或性能故障。例如，变压器空载损耗增加，说明变压器内部铁心存在某些故障，从而降低了变压器本身的性能，同时，使变压器发热增加。但从外部使用来看，只要变压器输出电压正常，就不影响正常使用。

3. 内部故障和外部故障

电器元件的有些故障是由于元器件内部因素造成的，如电磁力、电弧、发热等，导致电器元件结构损坏、绝缘材料老化和绝缘击穿等。这类故障称为内部故障。

电器元件的另一些故障则是由外部因素引起的，如电源电压、频率、三相不平衡、外力及环境条件等，使电器元件发生故障。这类故障称为外部故障。

工作步骤

步骤一：实训准备

1）实训前，先由指导教师进行安全与规范操作的教育。

2）按照"学习任务 1.2"的规范要求做好维保前的准备工作。

3）向相关人员（如管理人员、乘用人员或司机）了解故障情况。

4）查看外部供电是否正常。

5）到机房查看故障代码，初步判断故障原因。

6）观察各电器元件，查看其工作状态。

7）观察电梯按程序正常工作时各电器元件的动作顺序是否正常，从而判断故障范围。

步骤二：电梯电器元件故障的判断与排除方法

根据电梯出现的故障现象，结合电梯电器元件在各控制环节的作用，可初步判断故障点，通过进一步的检测，可确定故障发生在哪一个电器元件。具体可见表 4-17。

表 4-17 故障现象、原因及排除方法

故障现象	原　　因	排　除　方　法
闭合基站钥匙开关，基站门不能开启	控制电路熔丝熔断	查出熔丝熔断的原因后，排除故障，更换合适的熔丝
	基站钥匙开关接触不良或损坏	如果是损坏则更换；如果是接触不良，则用无水酒精清洗触点并调整好触点弹簧片
	基站钥匙开关继电器线圈损坏或继电器触点接触不良	若继电器损坏则更换；若继电器触点接触不良则清洗修复触点
选层后没有信号显示	选层按钮触点接触不良或接线断路	修复按钮接点，连接导线
	信号灯接触不良或烧毁	排除接触不良点或更换显示板
有选层信号，但方向箭头灯不亮	信号线接触不良或断线	修复或更换信号线
	方向指示器烧毁或接触不良，信号线路问题	更换显示板，检查信号线路
按下关门按钮后，门不关闭	关门按钮接点接触不良或损坏	用短路法确定是否关门按钮问题，确定后修复或更换元件
	轿顶的关门限位开关动断触点闭合不好，从而导致整个关门控制电路有断点	用导线短路法查找门控制电路中的断点，然后修复或更换导线
	开关门电动机传动带过松或磨断	断带则更换新带，过松则调整传动带张紧度
选层定向完毕并已关闭层门、轿门，电梯不能运行	自动门锁触点未能接通，门锁继电器未能吸合，所以电梯不能起动运行	调整开关门锁，修复或更换门开关
	层门自动门锁触点未能接触	调整自动门锁或更换门锁开关
层门未关，电梯却能运行	门锁控制电路接线短路	检查门锁线路，排除短路点
	门联锁继电器触点粘连	更换门联锁继电器

例如，层门未关，电梯却能运行，由表4-17分析可能是两个原因：门锁控制电路接线短路或门联锁继电器触点粘连。而且是门联锁继电器触点粘连的可能性较大，因为层门未关，电梯是不可能运行的。

在门联锁继电器线圈控制电路不带电的情况下，断开门联锁继电器触点的一端，用万用表蜂鸣器挡测量该触点的通断情况（见图4-32）。蜂鸣器发出指示音响，说明触点粘连。把门联锁继电器拆下来，检修该触点，若不能修复则予以更换。

图4-32　测量门联锁继电器触点的通断

步骤三：填写维修记录单

检修工作完成后，维修人员须填写维修记录单，经自己签名并经用户签名确认后方可结束检修工作。电梯维修记录单的格式可参照表3-5。

 评价反馈

（一）自我评价（40分）

由学生根据学习任务完成情况进行自我评价，将评分值记录于表4-18中。

表4-18　自我评价

学习任务	项目内容	配分	评分标准	扣分	得分
学习任务 4.7 4.8	1. 安全意识	10分	1. 不按要求穿着工作服、戴安全帽、穿防滑电工鞋（扣1~2分） 2. 在轿顶操作未系好安全带（扣1分） 3. 不按要求进行带电或断电作业（扣1~2分） 4. 不按安全要求规范使用工具（扣1~2分） 5. 其他违反安全操作规范的行为（扣1~2分）		
	2. 电梯其他电路的维修	40分	1. 故障检测操作不规范（扣4分） 2. 故障部分判断不正确（扣10分） 3. 故障未排除（扣10分） 4. 维修记录单内容共4项，填写不正确，每项扣4分，共计16分		
	3. 电梯电器元件的维修	40分	1. 故障检测操作不规范（扣4分） 2. 故障部分判断不正确（扣10分） 3. 故障未排除（扣10分） 4. 维修记录单内容共4项，填写不正确，每项扣4分，共计16分		

（续）

学习任务	项目内容	配分	评分标准	扣分	得分
学习任务 4.7 4.8	4. 职业规范和环境保护	10分	1. 工作过程中，工具和器材摆放凌乱（扣1~3分） 2. 不爱护设备、工具，不节省材料（扣1~3分） 3. 工作完成后不清理现场，工作中产生的废弃物不按规定处置，各扣1~2分（若将废弃物遗弃在井道内的可扣4分）		

总评分=（1~4项总分）×40%

签名：＿＿＿＿＿＿　＿＿＿＿＿＿年＿＿月＿＿日

（二）小组评价（30分）

由同一实训小组的同学结合自评的情况进行互评，将评分值记录于表4-19中。

表4-19　小组评价

项目内容	配分	评分
1. 实训记录与自我评价情况	30分	
2. 相互帮助与协作能力	30分	
3. 安全、质量意识与责任心	40分	

总评分=（1~3项总分）×30%

参加评价人员签名：＿＿＿＿＿＿　＿＿＿＿＿＿年＿＿月＿＿日

（三）教师评价（30分）

由指导教师结合自评与互评的结果进行综合评价，并将评价意见与评分值记录于表4-20中。

表4-20　教师评价

教师总体评价意见：	
教师评分（30分）	
总评分=自我评分+小组评分+教师评分	

教师签名：＿＿＿＿＿＿　＿＿＿＿＿＿年＿＿月＿＿日

 项目小结

本项目通过完成电梯的电气控制柜、安全保护电路、电梯控制电路、曳引电动机驱动控制电路、开关门电路、呼梯与层楼显示系统以及电梯其他电路和电梯电器元件的检修，使学生学会电梯电气控制原理图的识读，了解电梯电气控制系统的构成，学会电梯常见电气故障的诊断与排除方法。

　　机房电气控制柜、安全保护电路、电梯控制电路、曳引电动机驱动控制电路、开关门电路、呼梯与楼层显示系统以及电梯其他电路（检修、照明和通信电路）、电梯电器元件故障的诊断与排除这8个工作任务，使学生对电梯的电气控制系统有一个较为深入的接触，对电梯电气控制系统的构成、各控制环节的工作原理有较明确的概念，学会电梯常见电气故障的诊断与排除方法，能按照电梯安装与验收的规范、标准完成指定的工作任务。

　　电气控制系统的故障相对比较复杂，而且目前电梯大多采用微机控制，软、硬件的问题往往相互交织。因此，排故时要坚持先易后难、先外后内、综合考虑、善于联想的工作思路。

　　电梯运行中比较多的故障是由开关触点接触不良引起的，所以判断故障时应根据故障现象以及各指示灯和故障代码的显示情况，先对外部电路、元器件和电源部分进行检查。例如，门触点、安全回路、各控制环节的工作电源是否正常等。

　　微机控制电梯的许多保护环节隐含在其微机系统（包括软件和硬件）内，较难直接判断，但它的优点是有故障代码显示，故障代码为故障的判断带来了很大方便。

　　电梯控制逻辑主要是程序化逻辑，故障和原因正如结果与条件一样，是严格对应的。因此，只要熟知各控制环节电路的构成和作用，根据故障现象"顺藤摸瓜"便能较快找到故障电路和故障点，然后按照规范和标准对故障进行排除即可。

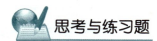 思考与练习题

4-1　填空题

　　1. 短接法是用于检测＿＿＿＿是否正常的一种方法。当发现故障点后，应立即拆除短接线，不允许用短接线代替开关或开关触点的接通。

　　2. 电压法是使用万用电表的电压挡检测电路某一元件两端的＿＿＿＿，来确定电路（或触点）工作情况的方法。

　　3. 当电梯安全保护电路出现故障时，目前常采用＿＿＿＿法查找故障点。

　　4. 用万用表测量接触器的线圈电阻，其阻值为无穷大，则表明线圈＿＿＿＿。

　　5. 门信号电路的主要作用是发出开门或关门指令，指挥＿＿＿＿做开门或关门动作。

4-2　选择题

　　1. 电梯电气控制系统出现故障时，应首先确定故障出于哪一个（　　　），然后再确定故障出于此环节电路的哪一个电器元件的触点上。

　　A. 元器件　　　　　　B. 系统　　　　　　　C. 环节　　　　　　D. 电路

　　2. 呼梯按钮箱是给厅外乘用人员提供（　　　）电梯的装置。

　　A. 操纵　　　　　　B. 检修　　　　　　　C. 召唤　　　　　　D. 观察

　　3. 消防开关接通时电梯进入（　　　）运行状态。

　　A. 消防　　　　　　B. 正常　　　　　　　C. 自动　　　　　　D. 检修

　　4. 轿内操纵箱是（　　　）电梯运行的控制中心。

　　A. 停用　　　　　　B. 启用　　　　　　　C. 操纵　　　　　　D. 检查

5. 短接法主要用来检测电路的（　　　）。

A. 电压　　　　　B. 电流　　　　　C. 断点　　　　　D. 其他

6. 安装在轿门上的（　　　）与安装在层门上的自动门锁啮合。

A. 门刀　　　　　B. 门锁　　　　　C. 门刀或系合装置　D. 开关

7. 层门未关，电梯却能运行的原因可能是（　　　）继电器触点粘连。

A. 运行　　　　　B. 电压　　　　　C. 门联锁　　　　　D. 安全

8. 闭合基站钥匙开关，基站门不能开启，其原因可能是（　　　）回路熔丝熔断。

A. 安全　　　　　B. 控制　　　　　C. 门锁　　　　　D. 电源

9. 电梯突然停电时，错误的处理方法是（　　　）。

A. 迅速检查电梯中是否有人

B. 在电梯层门口设置告示牌

C. 如果困人，启动"电梯困人应急救援程序"

D. 迅速到机房关断主电源与照明电源

10. 电梯检修运行时不能上行但能下行，可能的原因是（　　　）。

A. 安全回路或门锁回路开关故障　　　　B. 上限位开关故障

C. 上强迫缓速开关故障　　　　　　　　D. 下限位开关故障

11. 电梯能关门，但按下开门按钮不开门，最可能的原因是（　　　）。

A. 开门按钮触点接触不良或损坏

B. 关门按钮触点接触不良或损坏

C. 安全回路发生故障，有关线路断线或接触不良

D. 门安全触板或门光电开关（光幕）动作不正确或损坏

12. 电梯能开门，但不能自动关门，最可能的原因是（　　　）。

A. 开门继电器失灵或损坏

B. 导向轮轴承严重缺油，有干摩擦现象

C. 门安全触板或门光电开关（光幕）动作不正确或损坏

D. 门锁回路继电器故障

13. 电梯只能慢车运行，无法快车运行，可能的原因是（　　　）有问题。

A. 安全回路　　　　B. 门锁回路　　　　C. 召唤回路　　　　D. 制动器

14. 电梯在自动运行状态下，对其进行指令或召唤信号登记，给出运行方向且自动关门后不能起动，可能的原因是（　　　）故障。

A. 安全回路开关　　B. 脉冲编码器　　　C. 门锁开关　　　　D. 超载开关

15. 在控制柜安装现场进行检修慢车运行时，外围接线都已正常，通电后按控制柜上行按钮电梯向下运行，按控制柜下行按钮电梯向上运行，正确的解决方法是（　　　）。

A. 更换控制柜电源进线中的任意两相

B. 把旋转编码器的 A、B 相更换

C. 更换电动机电源进线中的任意两相

D. 把主板上 X1 与 X2 的接线换一下

16. 电梯不能运行，经检查为安全接触器（MC）不能正常工作。

（1）故障原因可能是（　　　）。

A. DC 24V 电源故障　　　　　　　　　B. AC 220V 电源故障

C. 门锁开关未接通　　　　　　　　　　D. 限速器开关断开

（2）检修方法应是（　　　）。

① 在机房电气控制柜内检查安全保护回路的电压，测量 "NF3/2" 与 "110VN" 间是否有 110V 电压

② 检查 DC 24V 电源

③ 检查 AC 220V 电源

④ 检查安全保护回路的各个电器触点及接线

⑤ 检查 MC 的线圈

⑥ 检查门锁开关

A. ①→④→⑤　　　　B. ①→③→⑤　　　　C. ③→④→⑥　　　　D. ④→③→⑥

17. 电梯能响应基站层门外的呼梯信号正常运行到基站并开门，但在轿厢内按选层按钮和关门按钮后，电梯正常关门但不能起动运行。可能的故障原因是（　　　）。

A. 层门与轿门电气联锁开关接触不良或损坏

B. 制动器抱闸未能松开

C. 电源电压过低

D. 电源断相

18. 当电梯电源系统出现错相时，能自动停止供电，以防止电梯电动机反转造成危险的是（　　　）。

A. 供电系统断相、错相保护装置

B. 超越上、下极限工作位置的保护装置

C. 层门与轿门电气联锁装置

D. 慢速移动轿厢装置

19. 轿门能自动关门，但手动按关门按钮不能关门。

（1）故障原因可能是（　　　）。

A. 开关门电动机损坏

B. 开门按钮触点接触不良或损坏（不能复位）

C. 开关门电动机控制电路断线

D. 关门按钮的信号通路故障

（2）检修方法应是（　　　）。

A. 检查开门按钮的触点和接线

B. 检查关门按钮的触点和接线

C. 检查关门按钮的信号通路（包括关门按钮的触点和接线、轿厢的 24V 电源（P24，COM）、信号线 AGM）

D. 在机房控制柜检查微机主板的关门指示灯 Y7

20. 电梯出现了超越行程终端位置的故障：电梯在到达顶层时没有减速。最终查明是某些开关失效，并发现强迫减速开关滚轮中心位置距离导轨侧面为 150mm。请根据以上现象回答下列问题：

（1）造成故障的主要原因是（　　　）失效。

A. 强迫缓速开关   B. 终端限位开关   C. 终端极限开关   D. 平层感应器

（2）电梯的缓速开关距离导轨侧面的距离需要调整，应在原有基础上增大约（   ）mm 较为适宜。

A. 20   B. 40   C. 60   D. 80

（3）检修方法应是（   ）。

A. 检查行程终端保护开关的碰板

B. 检修或更换相应的行程终端保护开关

C. 检查并调整极限开关的张紧配重装置

D. 检查平层感应器

21. 电梯的井道照明出现了异常现象：只有井道照明双联（船型）开关要拨至特定侧时才照明有效；且井道照明中除一盏灯没亮外，其他照明都正常。请分析此例并回答以下问题：

（1）题中所指的"特定侧"是指（   ）。

A. 任意侧   B. 无故障侧   C. 有故障侧   D. 照明无效侧

（2）关于井道照明中有一处照明不亮的现象，下列说法一定错误的是（   ）。

A. 此处灯泡损坏   B. 此处接线脱落

C. 井道照明总线脱落   D. 照明开关故障

（3）故障中井道照明双联开关失效的原因是（   ）。

A. 井道照明总线脱落   B. 双联开关某支路断开

C. 开关损坏   D. 灯泡损坏

（4）关于排除此类井道照明双联开关故障，下列方法可靠有效的是（   ）。

A. 断开井道照明电源，将所有涉及井道照明的线路依次拆开查看

B. 直接更换双联开关

C. 将井道照明处于正常照明（灯亮）位置，断电后检查另一路线路故障

D. 将井道照明处于非正常照明（灯灭）位置，断电后检查此时线路故障

22. 电梯安全接触器（MC）不能动作。请分析此例并回答以下问题：

（1）不属于安全接触器（MC）回路的开关或电器触点是（   ）。

A. 缓冲器开关   B. 急停开关   C. 上极限开关   D. 上限位开关

（2）故障原因可能是（   ）。

A. DC 24V 电源故障   B. AC 220V 电源故障

C. 极限开关断开   D. 限位开关断开

（3）检修方法应是（   ）。

① 测量"JBZ/1"与"JBZ/3"间有无 DC 110V 电压

② 测量"NF3/2"与"110VN"间有无 AC 110V 电压

③ 测量"201"与"202"间有无 AC 220V 电压

④ 测量"P24"与"N24"间有无 DC 24V 电压

⑤ 检查 MC 回路的各个电器触点及接线

⑥ 检查门锁继电器 JMS 回路的各个电器触点及接线

⑦ 检查 MC 的线圈

⑧ 检查 JMS 的线圈

A. ①→②→③   B. ①→⑥→⑧   C. ①→⑤→⑦   D. ②→⑤→⑦

23. 电梯在运行过程中突然停止,楼层显示和按钮均无作用,但轿厢内照明和风扇工作正常。电梯维修人员对电梯进行维修时发现,电梯上电后没有任何接触器得电吸合,只有相序继电器正常工作。请分析此例并回答以下问题:

(1)电梯发生上述故障,有可能的原因是(   )发生故障。

A. 门机系统   B. 安全回路   C. 电梯控制板   D. 电梯曳引机

(2)(   )损坏有可能造成该故障。

A. 平层感应器   B. 缓冲器开关   C. 上限位开关   D. 轿顶检修开关

24. 电梯在运行过程中突然断电停止运行,最有可能的原因是(   )发生故障。

A. 电梯控制板   B. 电梯曳引机   C. 门机系统   D. 照明回路

25. 假设有一台电梯一直保持开门状态,按关门按钮也不关门。与不关门故障不相关的原因是(   )。

A. 超载开关动作   B. 满载开关动作   C. 安全触板动作   D. 本层外呼按钮卡死

26. 当电梯的层门与轿门没有关闭时,电梯的电气控制部分应不接通,电梯电动机不能运转,实现此功能的装置是(   )。

A. 供电系统断相、错相保护装置   B. 超越上、下极限工作位置的保护装置

C. 层门锁与轿门电气联锁装置   D. 慢速移动轿厢装置

27. 电梯的安全接触器(MC)回路通常包含安全钳联动开关、(   )、极限开关、限速器开关、相序继电器和缓冲器联动开关等安全开关或电器的触点。

A. 急停开关   B. 上限位开关   C. 超载开关   D. 光幕开关

4-3 判断题

1. 断路型故障就是应该接通工作的电器元件接通。(   )

2. 程序检查法,就是维修人员模拟电梯的操作程序,观察各环节电路的信号输入和输出是否正常的一种检查方法。(   )

3. 数码管层楼指示器,一般在继电器控制的电梯上使用。(   )

4. 安全保护电路为并联电路。(   )

5. 相序继电器安装在轿厢内。(   )

6. 安全钳开关安装在机房控制柜内。(   )

7. 开关门电动机安装于轿顶。(   )

8. 电梯开门过程的速度变化为:慢→快→更快→平稳→停止。(   )

9. 电气设备的某些故障,虽然对设备本身影响不大,但不能满足使用要求,这种故障称为使用故障。(   )

4-4 简答题

1. 简述 X1~X27 各输入口代表什么意义。

2. 简述 L1~L20 各按钮输入口代表什么意义。

3. 简述 Y1~Y22 各输出口代表什么意义。

4. 分析故障代码 Err37 的故障原因与排除方法。

5. 分析故障代码 Err41 的故障原因与排除方法。

6. 试分析电梯能选层呼梯，但是关好门后不运行，并且重复开关门的故障诊断与排除方法。

4-5　学习记录与分析

1. 分析电源电路故障，填写维修记录单，小结诊断与排除机房电气控制柜电源故障的步骤、过程、要点和基本要求。

2. 分析安全保护电路故障，填写维修记录单，小结诊断与排除安全保护电路故障的步骤、过程、要点和基本要求。

3. 分析电梯控制系统的故障，填写维修记录单，小结诊断与排除呼梯和层楼显示系统故障的步骤、过程、要点和基本要求。

4. 分析开关门电路故障，填写维修记录单，小结诊断与排除开关门电路故障的步骤、过程、要点和基本要求。

5. 分析呼梯和层楼显示系统故障，填写维修记录单，小结诊断与排除呼梯和层楼显示系统故障的步骤、过程、要点和基本要求。

6. 分析电梯检修、照明和通信等电路的故障，填写维修记录单，小结诊断与排除呼梯和层楼显示系统故障的步骤、过程、要点和基本要求。

7. 分析电器元件故障，填写维修记录单，小结诊断与排除电器元件故障的步骤、过程、要点和基本要求。

4-6　试叙述对本任务与实训操作的认识、收获与体会

项目 5　电梯的维护保养

 项目描述

通过本项目的学习，使学生熟悉电梯维护保养的有关规定，掌握电梯维护保养（特别是半月保养）的基本操作。

 建议学时

建议学习本项目所用学时为 18～22 学时。

 学习目标

应知

1）熟悉电梯维护保养的有关规定。

2）掌握电梯半月保、季度保、半年保、年保的内容和要求。

应会

1）学会电梯的维护保养操作。

2）熟练掌握电梯半月维护保养的操作步骤与方法。

 预备知识

电梯的日常维护保养

根据 2017 年 8 月 1 日起实施的 TSG T5002—2017《电梯维护保养规则》（见附录Ⅳ）的规定：电梯的维保分为半月、季度、半年、年度维保。维保单位应当依据其要求，按照安装使用维护说明书的规定，并且根据所保养电梯使用的特点，制订合理的维保计划与方案，对电梯进行清洁、润滑、检查、调整，更换不符合要求的易损件，使电梯达到安全要求，保证电梯能够正常运行。

 学习任务 5.1　电梯的半月维护保养

 基础知识

电梯的半月维护保养

在电梯正常投入使用过程中，定期进行维护保养是必不可少的。维护保养是指为了能充分发挥已交给用户使用的电梯的各项性能，满足用户的需要，由维护保养部门向用户提供的合作与援助。电梯是涉及人身安全的特种设备，一旦由于产品缺陷而发生事故，厂家或维保单位必须承担责任，因而对电梯的安全性要求很高，必须通过日常的保养时刻确保设备的安全使用。电梯的维护保养主要分为半月维护保养、季度维护保养、半年维护保养和年度维护保养四种。其中，半月维护保养是电梯进行维护保养的基础项目。

一、机房半月维护保养的内容与要求

1. 机房、滑轮间环境

1）清除机房内与电梯无关的杂物，特别是易燃、易爆物。

2）清扫机房地面的尘埃及油污（见图5-1）。

3）检查机房的温度和照明亮度是否符合要求。

2. 手动紧急操作装置

1）检查盘车手轮和盘车扳手是否齐全。

2）检查盘车手轮和盘车扳手是否安放在指定位置。

3. 驱动主电动机

1）电动机应保持清洁，防止水和油污浸入电动机内部。可用风筒清除电动机内部和连接线、引出线的灰尘。

图 5-1 清洁机房

2）注意检查驱动主电动机运转时的声音。电动机在运转时应无大的噪声，如发现有异常声响要及时停机检查，如图5-2所示。

a) 听

b) 摸

图 5-2 检查驱动主电动机的声音和温度

4. 电磁制动器各销轴部位

1）检查电磁制动器动作是否灵活可靠，电磁衔铁在行程内应转动灵活。应保持制动轮表面和闸瓦制动带表面清洁，无划痕、高温焦化颗粒和油污。

2）检查电磁制动器电磁线圈接头有无松动，线圈的绝缘是否良好。

5. 电磁制动器间隙

1）测量电磁制动器的间隙，如图5-3所示。电磁制动器在制动时，两侧闸瓦紧密均匀地贴合在制动轮的工作表面上；松闸时，两侧闸瓦应同步离开制动轮表面，且其间隙应不大于 0.7mm。

2）检查制动电磁铁铁心在吸合时有无撞击声，工作是否正常。

6. 电磁制动器

1）用人工方式检测制动力，应符合生产厂家规定的使用维护说明书要求。

2）制动力自监测系统应有记录。

7. 编码器

清洁编码器，查看是否有油污、安装是否固定，如图 5-4 所示。

图 5-3　测量电磁制动器间隙

图 5-4　清洁编码器

8. 限速器各销轴部位

1）检查限速器运转是否灵活可靠（见图 5-5），限速器运转时声音应轻微且均匀，绳轮运转应没有时松时紧的现象。一般检查方法是：先在机房耳听、眼看，若发现限速器误动作、打点或有其他异常声音，则说明该限速器有问题，应及时找出故障原因，进行排故操作；如需要维修或调整，维修或调整后应进行测试，不可维修或调整的应更换同规格和型号的限速器，并需前往主管部门办理相关手续方可进行维修、调整和更换工作。

2）检查限速器旋转部位的润滑情况是否良好。

3）检查限速器上的绳轮有无裂纹、绳槽磨损情况。

图 5-5　检查限速器

9. 层门和轿门旁路装置

1）正常运行情况下，检查连接插头是否可靠地将层门门锁回路及轿门门锁回路连接。

2）紧急电动运行情况下，能手动短接层门门锁回路或轿门门锁回路。

10. 紧急电动运行

1）在机房拨动紧急电动开关，查看电梯是否处于紧急电动状态。

2）紧急电动状态下运行电梯，查看电梯是否按照指令运行。

二、轿厢与导向系统半月维护保养的内容与要求

1. 轿顶、轿顶检修开关、停止装置

1）检查轿顶停止装置和轿顶检修开关工作是否正常。

2）将电梯置于检修状态，进入轿顶进行清洁。

2. 导靴上的油杯

1）清理油杯表面和导靴及导轨面上的污物、灰尘。

2）检查油杯中的油量（见图 5-6）。油杯中油如果少于总油量的三分之一，则需要加注专用导轨润滑油。加油后，操纵电梯全程运行一次，观察导轨的润滑情况。

3）检查油杯的油毡能否接触导轨的两边，以给导轨上油。

4）检查油杯中的油毡是否紧贴导轨面，油毡前侧和导轨顶面应无间隙。

3. 轿厢内的显示、照明、通风、检修、报警等装置

检修盒在电梯轿厢内操纵屏的下部（见图 4-24）。检修盒有专门的钥匙，只有管理维护人员或电梯司机才能打开。检修盒内有轿厢照明开关和风扇开关。

1）检查轿厢内的照明与通风装置。

① 检查轿厢内照明装置有无损坏，轿厢内照度应在 50lx 以上。

② 轿厢内通风装置能正常起动，送风量大小合适，通风孔无堵塞。

③ 应急照明装置（见图 4-28）正常，在停电后开启急照明至少能持续 1h。

2）检查轿厢检修盒内的检修开关、停止装置。

3）检查报警装置、对讲装置。操作面板全部按钮应标记清晰、功能正常、清洁无污迹。

4）检查轿内显示、指令按钮、IC 卡系统。

① 进入轿厢，查看内呼面板显示是否正常，如图 5-7 所示。

图 5-6　检查油杯中的油量　　　　　图 5-7　检查轿厢指令按钮

② 操作内呼面板各按钮，观察电梯状态，应符合按钮功能。

③ 检查电梯是否能检测到 IC 信息，进而运行电梯。

三、门系统半月维护保养的内容与要求

1. 轿门防撞击保护装置

1）检查门安全触板或门光电开关（光幕，见图5-8）是否反应灵敏，动作可靠；门安全触板的冲击力应小于5N。

2）定期在各杠杆铰接部位用薄油润滑一次；当销轴磨有曲槽时必须更换。

3）调整微动开关触点，正常情况下，应使开关触点与触板端的螺栓头部刚好接触，在弹簧的作用下处于准备动作状态，只要触板摆动，触点便立即动作。为此，可旋进或旋出螺栓，使螺栓头部与开关触点保持接触。

2. 轿门门锁电气触点

检查轿门门锁电气触点，应保持清洁，触点接触良好，接线可靠。

3. 轿门运行

1）检查轿门门板有无变形、划伤、撞蹭、下坠及掉漆等现象。

2）检查轿门门扇在运行时是否平稳，有无跳动现象。

3）检查门导轨有无松动，门导靴（滑块）在门坎槽内运行是否灵活，两者的间隙是否过大或过小；保持清洁并加油润滑；门导靴磨损严重的应及时更换。

4）检查门滑轮及配合的销轴有无磨损，紧固螺母有无松动。

5）检查门上的连杆铰接部位有无磨损和润滑的情况，连杆是否灵活决定门的起闭情况。当电梯因故障中途停止时，轿门应能在里面用手扒开，其扒门力应为20~30N。

6）检查轿门门刀上的紧固螺栓有无松动变位，门刀与层门有关构件之间的间隙是否符合要求。

4. 层站召唤、层楼显示

1）逐层观察外呼面板显示是否正常，如图5-9所示。

图5-8　检查光幕

图5-9　检查层站召唤、层楼显示装置

2）检查外呼面板上呼梯和下呼梯按钮是否正常。

5. 层门地坎

清洁并检查层门地坎，应无影响正常使用的变形，各安装螺栓应紧固。

6. 层门自动关门装置

1）检查层门上的联动机构，如滑轮有无磨损、卡死，传动钢丝绳有无松弛等。

2）检查自动关门装置是否具备足够的自闭力。

7. 层门门锁自动复位

用层门钥匙打开层门，释放后层门可以自动闭合并锁紧。

8. 层门门锁电气触点

检查层门门锁电气触点（见图 5-10）。应保持清洁，触点接触良好，接线可靠，其触点间触碰超行程为 2～4mm。

9. 层门锁紧元件啮合长度

检查层门的门锁，应灵活可靠，在层门关闭上锁后，必须保证不能从外面开启，啮合长度必须超过 7mm。检查的方法是：两人在轿顶，一人操作检修开关慢上或慢下，每到达一个层站时停止运行，一人用直尺测量门锁最底端和挡块最高点的距离，若超过 7mm 则为合格；若达不到要求，则需及时修理或更换。

图 5-10　检查层门门锁电气触点

四、井道、底坑半月维护保养的内容与要求

1. 井道照明

1）打开井道照明开关，如图 5-11 所示。

2）将电梯开至最高层，进入轿顶，以检修状态逐层向下运行，查看照明灯是否正常。

2. 底坑环境

1）进入底坑进行清扫，保证无积水，无杂物，如图 5-12 所示。

2）检查底坑照明是否正常。

图 5-11　井道照明

图 5-12　清扫底坑

3. 底坑停止装置

进入底坑，将电梯检修下行，分别按下底坑上、下急停按钮，查看电梯是否停止运行，如图 5-13 所示。

a) 上急停按钮　　　　　　　　　　　　b) 下急停按钮

图 5-13　验证上、下急停按钮

4. 对重/平衡重块及其压板

1）检查固定平衡重块的框架及井道平衡重导轨支架的紧固件是否牢固。

2）检查对重架上的导轮轴及导轮的润滑情况（见图 5-14）。

3）检查对重滑动导靴的紧固情况及滑动导靴的间隙是否符合规定要求；检查有无损伤和缺润滑油。

4）对重架上装有安全钳的，应对安全钳装置进行检查，传动部分应保持动作灵活可靠，并定期加润滑油。

图 5-14　检查对重架

五、平层装置半月维护保养的内容与要求

电梯的平层装置和平层准确度的要求可参见"学习任务 3.2"（见图 3-5 ~ 图 3-9）。对平层装置的要求是：当电梯平层时，调节遮光板与平层感应器的基准线在同一条直线上，也就是遮光板正好插在感应器的中间，以使轿厢地板与该层的地面相平齐。当遮光板与平层感应器间隙不均匀时，应进行调整。

 工作步骤

步骤一：实训准备

1）实训前，先由指导教师进行安全与规范操作的教育。

2）按照"学习任务 1.2"的规范要求做好维保前的准备工作。

3）向相关人员（如管理人员、乘用人员或司机）询问电梯运行情况。

4）准备相应的维保工具。

步骤二：半月维护保养操作

1）将轿厢运行到基站。

2）到机房将检修开关置于"检修"位置，并挂上警示牌。

3）按照 TSG T5002—2017《电梯维护保养规则》"曳引与强制驱动电梯维护保养项目（内容）和要求"中的"半月维护保养项目（内容）和要求"（见附录Ⅳ的表 A-1），分别按表中所列的 31 个项目对电梯进行半月维护保养工作。

4）完成维护保养工作后，将检修开关复位，并收好警示牌。

注：① 因为是教学实训，所以必须完成表中所列全部项目。② 在进行 31 个半月维护保养项目时，一般可按轿厢内──→机房──→轿顶──→层门──→井道──→底坑的顺序操作。（下同）

步骤三：填写半月维护保养记录单

维护保养工作结束后，维保人员应填写维护保养记录单（参考表格见表 5-1）。

表 5-1　电梯半月维护保养记录单

序号	维护保养项目（内容）	维护保养基本要求	完成情况	备　注
1	机房、滑轮间环境	清洁，门窗完好，照明正常		
2	手动紧急操作装置	齐全，在指定位置		
3	驱动主机	运行时无异常振动和异常声响		
4	制动器各销轴部位	动作灵活		
5	制动器间隙	打开时制动衬与制动轮不应发生摩擦，间隙值符合制造单位要求		
6	制动器作为轿厢意外移动保护装置制停子系统时的自监测	制动力人工方式检测符合使用维护说明书要求；制动力自监测系统有记录		
7	编码器	清洁，安装牢固		
8	限速器各销轴部位	润滑，转动灵活；电气开关正常		
9	层门和轿门旁路装置	工作正常		
10	紧急电动运行	工作正常		
11	轿顶	清洁，防护栏安全可靠		
12	轿顶检修开关、停止装置	工作正常		
13	导靴上油杯	吸油毛毡齐全，油量适宜，油杯无泄漏		
14	对重/平衡重块及其压板	对重/平衡重块无松动，压板紧固		
15	井道照明	齐全，正常		
16	轿厢照明、风扇、应急照明	工作正常		
17	轿厢检修开关、停止装置	工作正常		
18	轿内报警装置、对讲系统	工作正常		
19	轿内显示、指令按钮、IC 卡系统	齐全，有效		
20	轿门防撞击保护装置（安全触板，光幕、光电开关等）	功能有效		
21	轿门门锁电气触点	清洁，触点接触良好，接线可靠		
22	轿门运行	开启和关闭工作正常		
23	轿厢平层准确度	符合标准值		
24	层站召唤、层楼显示	齐全，有效		
25	层门地坎	清洁		
26	层门自动关门装置	正常		

（续）

序号	维护保养项目（内容）	维护保养基本要求	完成情况	备 注
27	层门门锁自动复位	用层门开锁钥匙打开手动开锁装置释放后，层门门锁能自动复位		
28	层门门锁电气触点	清洁，触点接触良好，接线可靠		
29	层门锁紧元件啮合长度	不小于7mm		
30	底坑环境	清洁，无渗水、积水，照明正常		
31	底坑停止装置	工作正常		
维修保养人员：			日期： 年 月 日	
使用单位意见：				
使用单位安全管理人员：			日期： 年 月 日	

注：完成情况（如完好打√，有问题打×，如有维修请在备注栏说明）

 评价反馈

（一）自我评价（40分）

由学生根据学习任务完成情况进行自我评价，将评分值记录于表5-2中。

表5-2 自我评价

学习任务	项目内容	配分	评分标准	扣分	得分
学习任务5.1	1. 安全意识	10分	1. 不按要求穿着工作服、戴安全帽、穿防滑电工鞋（扣1~2分） 2. 在轿顶操作未系好安全带（扣1分） 3. 不按要求进行带电或断电作业（扣1~2分） 4. 在电梯底坑有人时移动轿厢或进入轿顶（扣1分） 5. 不按安全要求规范使用工具（扣1~2分） 6. 其他违反安全操作规范的行为（扣1~2分）		
	2. 维护保养操作	80分	1. 维护保养前工具选择不正确（扣10分） 2. 维护保养操作不规范（扣5~30分） 3. 维护保养工作未完成（每项扣10分） 4. 维护保养记录单填写不正确、不完整（每项扣3~5分）		
	3. 职业规范和环境保护	10分	1. 工作过程中，工具和器材摆放凌乱（扣1~2分） 2. 不爱护设备、工具，不节省材料（扣1~2分） 3. 工作完成后不清理现场，工作中产生的废弃物不按规定处置，各扣2分（若将废弃物遗弃在井道内的可扣4分）		

总评分 =（1~3项总分）×40%

签名：_____ _____年____月____日

（二）小组评价（30 分）

由同一实训小组的同学结合自评的情况进行互评，将评分值记录于表 5-3 中。

表 5-3　小组评价

项 目 内 容	配　分	评　分
1. 实训记录与自我评价情况	30 分	
2. 相互帮助与协作能力	30 分	
3. 安全、质量意识与责任心	40 分	

总评分 =（1～3 项总分）×30%

参加评价人员签名：_____　_____年____月____日

（三）教师评价（30 分）

由指导教师结合自评与互评的结果进行综合评价，并将评价意见与评分值记录于表 5-4 中。

表 5-4　教师评价

教师总体评价意见：	
教师评分（30 分）	
总评分 = 自我评分 + 小组评分 + 教师评分	

教师签名：_____　_____年____月____日

学习任务 5.2　电梯的季度维护保养

基础知识

电梯的季度维护保养

电梯的季度维护保养是电梯在每使用 3 个月需要进行的一项较为综合的维护保养。电梯的季度维护保养项目是在半月维护保养项目的基础上，增加了如表 5-5 所列维保内容。

1. **靴衬、滚轮**

1）将电梯置于检修状态，清洁轿顶并检查轿顶导靴或滚轮架，在底坑检查轿底导靴或滚轮架。

2）用塞尺测量靴衬与导轨之间的间隙，参照制造厂家的要求，间隙过大时更换靴衬。

3）用卷尺或钢直尺测量滚轮的外径，参照制造厂家的要求，磨损量过大或者有变形、老化、破损等现象时更换滚轮。

2. **验证轿门关闭的电气安全装置**

1）打开轿门，验证轿门关闭的电气安全装置应能断开电梯门锁回路，电梯应不能运行。

2）轿门关闭时防扒门装置应该工作到位，轿厢不在平层位置时，从轿厢里应无法打开轿门。

3. 层门、轿门系统中传动钢丝绳、链条、传动带

1）将轿厢停于合适位置，打开层门至一定位置，用顶门器将门顶住。断开电梯主电源开关，检查并清洁轿门传动系统，如图5-15a所示。

2）进入轿顶，检修运行电梯，检查并清洁层门传动系统，如图5-15b所示。

a) 检查轿门传动带张力　　　　　　　　　　　b) 检查层门联动钢丝绳张力

图5-15　检查轿门的传动系统

3）底层端站层门传动系统的检查和清洁，宜在轿厢内进行。

4）对层门、轿门系统中的活动部件如有需要时可进行适当润滑。

4. 层门门滑块

1）进入轿顶，将电梯检修运行至便于维修人员操作的位置，然后按下急停按钮，切断控制电源。

2）检查门滑块的固定情况。

3）手动打开层门，清洁门滑块和地坎槽，检查是否有异常磨损和杂物，门滑块的磨损超过制造厂家的规定要求时应更换。

5. 消防开关

1）电梯消防装置面板应标记清晰，功能正常，清洁无污迹。

2）电梯消防开关应完好，功能正常，清洁无积尘。

3）微机主控板消防显示应正常。

4）消防状态时，观察电梯是否自动返回基站并开门。

6. 耗能缓冲器

1）进入底坑，按急停开关，检查并清洁缓冲器。

2）打开油口检查油量，必要时按制造厂家的技术要求添加液压油。

3）检查电气安全装置与动作机构的安装情况，必要时进行调整。

4）检查缓冲器柱塞表面有无锈蚀，如有锈蚀应用细砂布除锈，然后在表面涂上润滑脂（如黄油等）防锈。

5）由另一维保人员向上检修运行电梯，运行中人为动作缓冲器电气安全装置，电梯应立即停止，且不能重新起动。

7. 限速器张紧装置和电气安全装置

1）将电梯检修运行，目测限速器张紧轮装置，工作应灵活可靠，运行时无异响，运行不顺畅时应在张紧轮转动部件及轴承处添加润滑油。

2）断开底坑张紧轮断绳开关时，电梯应不能运行。

工作步骤

步骤一：实训准备

1）实训前，先由指导教师进行安全与规范操作的教育。

2）按照"学习任务 1.2"的规范要求做好维保前的准备工作。

3）向相关人员（如管理人员、乘用人员或司机）询问电梯运行情况。

4）准备相应的维保工具。

步骤二：季度维护保养操作

1）将轿厢运行到基站。

2）到机房将检修开关置于"检修"位置，并挂上警示牌。

3）按照 TSG T5002—2017《电梯维护保养规则》"曳引与强制驱动电梯维护保养项目（内容）和要求"中的"季度维护保养项目（内容）和要求"（见附录Ⅳ的表 A-2），分别按表中所列的 13 个项目进行电梯的季度维护保养工作。

4）完成维护保养工作后，将检修开关复位，并收好警示牌。

步骤三：填写季度维护保养记录单

维护保养工作结束后，维保人员应填写维护保养记录单（参考表格见表 5-5）。

表 5-5　电梯季度维护保养记录单

序号	维护保养项目（内容）	维护保养基本要求	完成情况	备　注
1	减速机润滑油	油量适宜，除蜗杆伸出端外均无渗漏		
2	制动衬	清洁，磨损量不超过制造单位要求		
3	编码器	工作正常		
4	选层器动静触点	清洁，无烧蚀		
5	曳引轮槽、悬挂装置	清洁，钢丝绳无严重油污，张力均匀，符合制造单位要求		
6	限速器轮槽、限速器钢丝绳	清洁，无严重油污		
7	靴衬、滚轮	清洁，磨损量不超过制造单位要求		
8	验证轿门关闭的电气安全装置	工作正常		
9	层门、轿门系统中传动钢丝绳、链条、传动带	按照制造单位要求进行清洁、调整		
10	层门门导靴	磨损量不超过制造单位要求		
11	消防开关	工作正常，功能有效		
12	耗能缓冲器	电气安全装置功能有效，油量适宜，柱塞无锈蚀		
13	限速器张紧轮装置和电气安全装置	工作正常		

维修保养人员：　　　　　　　　　　　　　　　　　　　　日期：　　　年　　月　　日

使用单位意见：

使用单位安全管理人员：　　　　　　　　　　　　　　　　日期：　　　年　　月　　日

注：1. 完成情况（如完好打√，有问题打×，如有维修请在备注栏说明）

　　2. 表中维护保养项目（内容）的第 3、第 4 项在同一台电梯不会同时存在。

评价反馈

（一）自我评价（40分）

由学生根据学习任务完成情况进行自我评价，将评分值记录于表5-6中。

表5-6　自我评价

学习任务	项目内容	配分	评分标准	扣分	得分
学习任务 5.2	1. 安全意识	10分	1. 不按要求穿着工作服、戴安全帽、穿防滑电工鞋（扣1~2分） 2. 在轿顶操作未系好安全带（扣1分） 3. 不按要求进行带电或断电作业（扣1~2分） 4. 在电梯底坑有人时移动轿厢或进入轿顶（扣1分） 5. 不按安全要求规范使用工具（扣1~2分） 6. 其他违反安全操作规范的行为（扣1~2分）		
	2. 维护保养操作	80分	1. 维护保养前工具选择不正确（扣10分） 2. 维护保养操作不规范（扣5~30分） 3. 维护保养工作未完成（每项扣10分） 4. 维护保养记录单填写不正确、不完整（每项扣3~5分）		
	3. 职业规范和环境保护	10分	1. 工作过程中，工具和器材摆放凌乱（扣1~2分） 2. 不爱护设备、工具，不节省材料（扣1~2分） 3. 工作完成后不清理现场，工作中产生的废弃物不按规定处置，各扣2分（若将废弃物遗弃在井道内的可扣4分）		

总评分 = （1~3项总分）×40%

签名：＿＿＿＿＿＿＿　＿＿＿＿＿＿年＿＿＿月＿＿＿日

（二）小组评价（30分）

由同一实训小组的同学结合自评的情况进行互评，将评分值记录于表5-7中。

表5-7　小组评价

项目内容	配　分	评　分
1. 实训记录与自我评价情况	30分	
2. 相互帮助与协作能力	30分	
3. 安全、质量意识与责任心	40分	

总评分 = （1~3项总分）×30%

参加评价人员签名：＿＿＿＿＿＿＿　＿＿＿＿＿＿年＿＿＿月＿＿＿日

（三）教师评价（30分）

由指导教师结合自评与互评的结果进行综合评价，并将评价意见与评分值记录于

表 5-8 中。

表 5-8　教师评价

教师总体评价意见：

教师评分（30 分）	
总评分 = 自我评分 + 小组评分 + 教师评分	

教师签名：_____　　_____年____月____日

学习任务 5.3　电梯的半年维护保养

基础知识

电梯的半年维护保养

电梯的半年维护保养是电梯在每使用半年需要进行的一项综合的维护保养。电梯的半年维护保养项目是在季度维护保养项目的基础上，增加了如表 5-9 所列的维保内容。

1. 电动机与减速机联轴器

断开机房主电源开关，用扳手检查曳引机与减速箱联轴器上的各固定螺栓和卡簧是否锁紧，观察联轴器运转情况，应无松动、无撞击声，如图 5-16 所示。

2. 驱动轮、导向轮轴承部

1）电梯正常运行时，在机房观察曳引轮和导向轮的工作状况，应无异响、无振动。

2）断开机房主电源开关，拆除曳引轮防护罩，按制造厂家要求对轴承加注润滑脂，如图 5-17 所示。

图 5-16　检查电动机与减速机联轴器联接螺栓　　　图 5-17　向导向轮注入润滑脂

3）清洁轴承及周围的油污。

3. 曳引绳槽

1）将电梯停在中间楼层，断开电梯主电源开关，拆除曳引轮防护罩，检查曳引轮上和地面上有无磨损的金属粉末。

2）使用游标卡尺分别测量主钢丝绳直径（见图 5-18）、曳引绳槽深度（见图 5-19）和主钢丝绳凸出曳引绳槽轮面的高度（见图 5-20）。用钢丝绳直径减去凸出部分的尺寸，就可测量出钢丝绳在曳引绳槽的下沉量。检查曳引绳槽的磨损量是否超过制造单位的技术要求，如超过规定，应进行维修或者更换同规格的曳引轮。

图 5-18　测量钢丝绳直径　　　　图 5-19　测量曳引绳槽深度

图 5-20　测量钢丝绳在曳引绳槽上凸出的高度

3）重新安装好曳引轮防护罩。

4. 电磁制动器动作状态监测装置

1）电磁制动器动作时，查看其开关是否动作，如图 5-21 所示。

2）查看微机主板对应输入信号指示灯是否点亮以表示是否获得反馈信号。以 YL-777 型电梯为例，当电磁制动器动作时，微机主板上 X22 灯亮，微机主板收到抱闸反馈信号。

3）清洁电磁制动器检测开关。

5. 控制柜内各接线端子

1) 断开机房主电源开关。

2) 检查并清洁控制柜内各接线端子，观察线号是否齐全、清晰，如有缺失或模糊不清的，应参照制造单位提供的电气布线图或电气原理图重新标注。

3) 检查控制柜内各接线端子的连接情况是否完好。

6. 控制柜各仪表

1) 断开电梯主电源开关，清洁并检查各仪表固定和导线连接情况。

2) 闭合电梯主电源开关，在电梯正常运行或检修运行时观察控制柜内各仪表工作是否正常，显示是否正确，如图5-22所示。

图5-21　查看电磁制动器开关动作情况

图5-22　检查控制柜仪表

7. 曳引钢丝绳绳头组合

1) 断开驱动主电源开关。

2) 清洁曳引钢丝绳各绳头装置，如果绳头在轿顶或对重上，应在轿顶合适位置进行操作。

3) 检查绳头装置各部件是否齐全，如有缺失或破损，应更换或维修，如图5-23所示。

4) 检查所有绳头连接情况，双螺母应紧固无松动，开口销应齐全。仔细清洁每个绳头。

8. 井道、对重、轿顶各反绳轮轴承部

1) 断开驱动主电源，拆除轿顶反绳轮的防护装置，检查轴承固定情况。

2) 按制造厂家要求对轿顶轮和对重轮的轴承加注润滑油，如图5-24所示。

3) 恢复驱动主电源，在检修速度运行电梯，观察轿顶轮、对重轮工作是否正常，有无异常噪声和振动；如有异常声响或振动，应根据制造厂家的技术要求进行调整或维修。

图5-23　检查曳引钢丝绳绳头组合

　　a)对重反绳轮添加润滑油　　　　　　　　b)轿厢反绳轮添加润滑油

图5-24　添加润滑油

　　9. 悬挂装置、补偿绳和限速器钢丝绳

　　1）悬挂装置、补偿绳的导向轮要注意保持清洁，确保运行流畅。

　　2）绳头连接应牢固无松动。

　　3）对底坑张紧装置进行调整，使补偿绳有一定的张力，其张紧力大小以钢丝绳不松弛为宜，以避免补偿绳产生扭转或打结。

　　4）检查补偿绳（链）尾端与轿厢底和对重底的联接是否牢固，紧固螺栓有无松脱，夹紧有无移位等。

　　5）检查限速器钢丝绳和绳套有无断丝、折曲、扭曲和压痕。其检查方法是：开动电梯慢速在井道内运行的过程中，在机房中仔细观察限速器钢丝绳。发现问题时，若属于还可以使用的范围，必须做好记录，并用油漆做好标记，作为今后重点检查的位置；若钢丝绳和绳套必须更换，应立即停梯更换。

　　10. 对重缓冲距离

　　1）电梯在顶层端站平层时，对重底部撞板与缓冲器顶面间应有足够的距离；耗能型缓冲器为150~400mm，蓄能型缓冲器为200~350mm。

　　2）测量对重与缓冲器的距离（见图5-25），当距离小于以上规定时，可以把对重架下面的调整垫卸下或者截短曳引钢丝绳。

　　11. 补偿链（绳）与轿厢、对重接合处

　　1）按规定进入轿顶和底坑。

　　2）检查补偿链（绳）与轿厢接合处。一人检修运行电梯至行程底部合适位置，切断驱动主电源，另一人在底坑检查补偿链（绳）与轿底接合处的固定情况。

　　3）检查补偿链（绳）与对重接合处。在轿顶检修运行电梯至行程中部合适位置，切断驱动主电源，检查补偿链（绳）与对重接合处的固定情况。

　　12. 上、下极限开关

　　1）检查上端站时，检修运行电梯至顶部端站；下端站要进入底坑检查。

　　2）清洁上（下）极限开关表面灰尘，检查开关并紧固其及接线，如图5-26所示。

　　3）在机房短接上（下）限位开关，另一人操作轿顶检修运行装置使电梯往上（下）点动运行至上（下）极限开关动作，观察电梯是否可靠制停。

　　4）打开顶部端站层门，测量轿厢地坎与层门地坎之间的距离，此距离应小于对重缓冲距离，也可以按规定进入底坑后，观察对重撞板与缓冲器顶面是否接触，必要时调整上（下）极限开关位置。

图 5-25　测量对重与缓冲器的距离　　　图 5-26　检查上、下极限开关动作情况

13. 层门、轿门门扇

1）层门、轿门门扇各间隙应满足以下要求：门扇及门扇与立柱、门楣和地坎的间隙，乘客电梯应不大于 6mm；载货电梯应不大于 8mm，使用过程中由于磨损，允许达到 10mm。

2）检查门扇外观，应清洁、无影响正常使用的变形。

3）测量：①层门与门楣间隙；②层门与立柱间隙；③层门与地坎间隙；④两门扇间隙；⑤层门受力开启的最大间隙，如图 5-27 所示。

14. 轿门开门限制装置

1）轿门开门限制装置是为了防止开锁区域外从轿厢内扒开轿门自救的保护装置。对轿门开门限制装置施加 1000N 的力时，轿门可开启，但不能超过 50mm。

2）当轿门关闭时，轿门开门限制装置的电气触点需超过接触行程 2～4mm。

3）检查轿门开门限制装置工作是否正常。

 **工作步骤**

步骤一：实训准备

1）实训前，先由指导教师进行安全与规范操作的教育。

2）按照"学习任务 1.2"的规范要求做好维保前的准备工作。

3）向相关人员（如管理人员、乘用人员或司机）询问电梯的运行情况。

4）准备相应的维保工具。

步骤二：半年维护保养操作

1）将轿厢运行到基站。

2）到机房将检修开关置于"检修"位置，并挂上警示牌。

3）按照 TSG T5002—2017《电梯维护保养规则》"曳引与强制驱动电梯维护保养项目（内容）和要求"中的"半年维护保养项目（内容）和要求"（见附录Ⅳ的表 A-3），分别按表中所列的 15 个项目进行电梯的半年维护保养工作。

4）完成维护保养工作后，将检修开关复位，并收好警示牌。

a) 测量层门与门楣间隙

b) 测量层门与立柱间隙

c) 测量层门与地坎间隙

d) 测量两个门扇间隙

e) 测量层门受力开启的最大间隙

图5-27 层门的测量

步骤三：填写半年维护保养记录单

维护保养工作结束后，维保人员应填写维护保养记录单（参考表格见表5-9）。

表5-9 电梯半年维护保养记录单

序号	维护保养项目（内容）	维护保养基本要求	完成情况	备注
1	电动机与减速机联轴器	连接无松动，弹性元件外观良好，无老化等现象		
2	驱动轮、导向轮轴承部	无异常声响，无振动，润滑良好		
3	曳引轮槽	磨损量不超过制造单位要求		

（续）

序号	维护保养项目（内容）	维护保养基本要求	完成情况	备　注
4	制动器动作状态监测装置	工作正常，制动器动作可靠		
5	控制柜内各接线端子	各接线紧固、整齐，线号齐全清晰		
6	控制柜各仪表	显示正常		
7	井道、对重、轿顶各反绳轮轴承部	无异常声响，无振动，润滑良好		
8	悬挂装置、补偿绳	磨损量、断丝数不超过要求		
9	绳头组合	螺母无松动		
10	限速器钢丝绳	磨损量、断丝数不超过制造单位要求		
11	层门、轿门门扇	门扇各相关间隙符合标准值		
12	轿门开门限制装置	工作正常		
13	对重缓冲距离	符合标准值		
14	补偿链（绳）与轿厢、对重接合处	固定，无松动		
15	上、下极限开关	工作正常		

维修保养人员：　　　　　　　　　　　　　　　　　　　　　　日期：　　　年　　月　　日

使用单位意见：

使用单位安全管理人员：　　　　　　　　　　　　　　　　　　日期：　　　年　　月　　日

注：完成情况（如完好打√，有问题打×，如有维修请在备注栏说明）

 评价反馈

（一）自我评价（40 分）

由学生根据学习任务完成情况进行自我评价，将评分值记录于表 5-10 中。

表 5-10　自我评价

学习任务	项目内容	配分	评分标准	扣分	得分
学习任务 5.3	1. 安全意识	10 分	1. 不按要求穿着工作服、戴安全帽、穿防滑电工鞋（扣 1~2 分） 2. 在轿顶操作未系好安全带（扣 1 分） 3. 不按要求进行带电或断电作业（扣 1~2 分） 4. 在电梯底坑有人时移动轿厢或进入轿顶（扣 1 分） 5. 不按安全要求规范使用工具（扣 1~2 分） 6. 其他违反安全操作规范的行为（扣 1~2 分）		
	2. 维护保养操作	80 分	1. 维护保养前工具选择不正确（扣 10 分） 2. 维护保养操作不规范（扣 5~30 分） 3. 维护保养工作未完成（每项扣 10 分） 4. 维护保养记录单填写不正确、不完整（每项扣 3~5 分）		

（续）

学习任务	项目内容	配分	评 分 标 准	扣分	得分
学习任务 5.3	3. 职业规范和环境保护	10分	1. 工作过程中，工具和器材摆放凌乱（扣1～2分） 2. 不爱护设备、工具，不节省材料（扣1～2分） 3. 工作完成后不清理现场，工作中产生的废弃物不按规定处置，各扣2分（若将废弃物遗弃在井道内的可扣4分）		

总评分 =（1～3 项总分）×40%

签名：_____ _____年____月____日

（二）小组评价（30分）

由同一实训小组的同学结合自评的情况进行互评，将评分值记录于表5-11中。

表5-11　小组评价

项 目 内 容	配　分	评　分
1. 实训记录与自我评价情况	30分	
2. 相互帮助与协作能力	30分	
3. 安全、质量意识与责任心	40分	

总评分 =（1～3 项总分）×30%

参加评价人员签名：_____ _____年____月____日

（三）教师评价（30分）

由指导教师结合自评与互评的结果进行综合评价，并将评价意见与评分值记录于表5-12中。

表5-12　教师评价

教师总体评价意见：	
教师评分（30分）	
总评分 = 自我评分 + 小组评分 + 教师评分	

教师签名：_____ _____年____月____日

学习任务 5.4 电梯的年度维护保养

基础知识

电梯的年度维护保养

电梯的年度维护保养是电梯在每使用一年需要进行的一项综合的维护保养。电梯的年度维护保养项目是在半年维保项目的基础上，增加了如表 5-13 所列的维保内容。

1. 减速箱润滑油

1）应更换相同规格的润滑油，绝不允许两种以上的油混合使用。

2）按照厂家要求根据电梯的使用时间确定是否更换润滑油；对新安装的电梯，在半年内应检查减速箱内的润滑油，如发现油内有杂质，应更换新油。

3）打开减速箱注油孔端盖，检查润滑油油质；润滑油的加入要适量，过多会引起发热，并使油质快速变质，不能使用，如图 5-28 所示。

4）换油时，先将减速箱清洗干净，在加油口放置过滤网，经过滤网过滤后再注入，以保持油的清洁度。

2. 控制柜接触器、继电器触点

1）断开机房主电源开关。

2）检查和清洁控制柜内各继电器、接触器，检查继电器、接触器接线的连接情况。

a) 查看润滑油油量　　b) 减速箱润滑油入口

图 5-28　检查减速箱润滑油

3）如继电器、接触器工作噪声比较大或有明显异常时，应拆开继电器、接触器触点的罩壳，用合适的砂布对继电器、接触器触点进行打磨，如触点表面烧蚀严重则应更换。

3. 电磁制动器柱塞（铁心）

1）将电梯置于检修运行状态，向上检修运行至无法起动，短接上限位开关（如有）、上极限开关和对重缓冲器开关（如有），操作检修装置使轿厢继续向上运行，直至对重完全压在缓冲器上、轿厢不能继续提升为止。

2）断开机房主电源开关。

3）拆开电磁制动器，将电磁制动器柱塞取出（见图 5-29）并清洁。

4）检查电磁制动器柱塞的磨损量，如果电磁制动器上的可动销轴磨损量超过原直径的5%或椭圆度误差超过 0.5mm 时，应更换新轴。

5）对满足使用条件的电磁制动器柱塞，按制造厂家要求及方法对电磁制动器柱塞表面等进行保养。

6）重新装配电磁制动器，合上主电源开关，操作控制柜检修装置使电梯点动向下运行，调整电磁制动器间隙，确认制动效果。

7）待轿厢上的碰板离开极限开关后，拆除所有短接线，恢复电梯正常运行。

4. 电磁制动器制动能力测试

1）调试电梯，使电梯进入制动力测试状态。

2）以 YL-777 电梯为例，在门锁闭合的情况下使电梯进入检修状态，用操作面板进入 F8-19 功能，查看参数是否为 16384；进而进入 F3-22 功能将 bit2 功能设置为 1，微机主板显示 Err88 代码，此时曳引机发出啸叫声，自动检测制动力。若制动力正常，系统自动清除 Err88 状态，如图 5-30 所示。

图 5-29　电磁制动器柱塞

图 5-30　使用操作面板进行制动力测试

5. 绝缘性能测试

1）查看控制柜有无出现导线破损现象。

2）以 YL-777 电梯为例，将控制柜插头全部拔出，将绝缘电阻表平放于地面，负端夹住主地线，正端分别测量 R、S、T、NF1/1、NF2/1、NF3/1、NF4/1、701、702、703、704、501、502、503 端的绝缘电阻，读出绝缘电阻表读数并记录，测出的阻值应不小于 $0.5M\Omega$，如图 5-31 所示。

6. 限速器安全钳联动试验

1）通常是将电梯轿厢停在底层的上一层位置。

2）在机房对轿厢进行检修下行，手动限速器机械动作（见图 5-32a），电梯应立即停止且不能再起动。

3）断开主电源，短接限速器开关（见图 5-32c），在机房继续对轿厢进行检修下行，安全钳开关动作（见图 5-36b），电梯应立即停止且不能再起动。

4）断开主电源，短接安全钳开关（见图 5-32d），在机房继续对轿厢进行检修下行，安全钳夹住导轨，导致轿厢无法移动，曳引钢丝绳与曳引轮绳槽有明显的打

图 5-31　用绝缘电阻表测量绝缘电阻

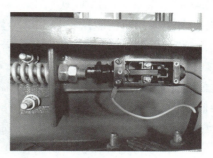

a) 手动操作限速器开关　　　　　　　　b) 安全钳开关动作

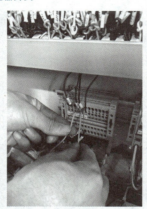

c) 短接限速器开关　　　　d) 短接安全钳开关　　　　e) 安全钳楔块动作夹持导轨

图 5-32　限速器安全钳联动试验

滑现象（见图 5-32e）。

5）在机房对轿厢进行检修上行，安全钳自动复位，拆除短接线，复位安全钳限速器开关，使电梯恢复正常运行状态。

7. 上行超速保护装置动作试验

1）使用双向安全钳对轿厢做上行超速保护。

① 一人进入轿顶，使轿厢从行程下部向上检修运行，另一人在机房手动操作限速器开关，观察电梯是否立即停止运行，否则应维修或更换该开关。

② 短接限速器开关和安全钳开关，机房维保人员人为使限速器机械动作，轿顶维保人员操作检修装置使电梯继续向上运行，观察轿厢是否能继续运行，安全钳开关能否动作，如轿厢能继续运行，应检查安全钳联动机构及楔块动作是否灵活，做相应调整或维修。如安全钳开关不能可靠动作，应调整开关位置，减小开关与挡块的间隙，保证安全钳开关可靠动作。

③ 轿顶维保人员操作轿顶检修装置使轿厢向下运行，观察安全钳能否自动复位，如不能自动复位，应先检查安全钳楔块与导轨表面之间有无杂物，再检查安全钳联动机构及楔块动作是否灵活，根据检查情况作相应调整、清洗或维修。

④ 复位限速器机械动作部件、限速器开关和安全钳开关，如有必要修复安全动作处的导轨表面。

2）使用夹绳器做上行超速保护。

① 一人进入轿顶，使轿厢从行程下部检修向上运行，另一人在机房手动操作夹绳器电气安全开关，观察轿厢是否立即停止运行，若不能立即停止，则应维修或更换该开关。

② 短接夹绳器电气安全开关，机房维保人员手动使夹绳器机械动作，轿顶维保人员操作检修装置使电梯继续向上运行，观察夹绳器动作情况，必要时根据制造厂家的技术要求进行调整或维修。

③ 复位夹绳器电气安全开关和机械动作部件，观察曳引钢丝绳表面有无损伤。

3）采用曳引轮作为电磁制动器制动轮的，应根据制造厂家提供的技术文件和试验方法进行试验。

4）检查和清洁上行超速保护装置，活动部件应灵活可靠。

8. 轿厢意外移动保护装置动作试验

1）检查轿厢意外移动保护装置接线是否正常。

2）以 YL-777 电梯为例，在门锁闭合情况下使电梯进入检修状态，用操作面板进入 F8-19 功能，查看参数是否为 16384；进而进入 F3-22 功能，将 bit1 功能设置为 1，微机主板显示 Err88 代码（见图 5-33a）；然后拔出 UCMP（轿厢意外移动保护装置）插头（见图 5-33b），检修运行电梯，系统检测电梯意外移动，微机主板出现 Err65 代码，电梯停止运行。

UCMP插头

a) 使用操作面板进行测试   b) 拔出 UCMP 插头

图 5-33 轿厢意外移动保护装置动作试验

9. 轿顶、轿厢架、轿门及其附件的安装螺栓

1）检查轿顶、上梁、立柱、门机、安全钳联动机构、轿顶接线盒、感应器等部件的固定螺栓是否紧固，如有松动，应进行紧固。

2）查看轿厢各连接处螺栓是否有松动现象，若有则进行紧固。

3）操作轿顶检修装置，将轿厢停在方便维修轿门的位置，打开层门，检查轿门、门刀、安全触板、光幕等部件的固定螺栓是否紧固，如有松动，应进行紧固，如图 5-34 所示。

10. 轿厢和对重/平衡重导轨支架

1）检查轿厢导轨支架是否出现裂纹、变形、移位等，如发现应及时处理。

2）检查导轨支架的焊接或紧固情况，若发现支架焊接不牢、已脱焊，应及时补焊；同时对紧固螺母进行检查，发现松动应及时紧固好，如图5-35所示。

3）检查导轨支架的水平度误差是否超差，支架有无严重的锈蚀情况。

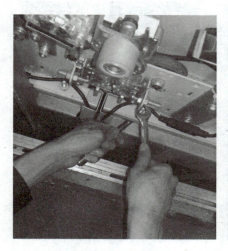

图5-34 固定轿门门扇   图5-35 固定导轨螺栓

11. 轿厢和对重/平衡重的导轨

1）进入轿顶，全程检修运行电梯。观察导轨表面，若发现导轨面脏污，应用煤油擦净导轨面上的脏污（见图5-36），并清洗导靴靴衬；当润滑不良时，应定期向油杯内注入同规格的润滑油，保证油量油质，并适当调整油毡的伸出量，保证导轨面有足够的润滑油。

2）若发现导轨位移、松动现象，应先检查导轨连接板、压导轨板等处的螺栓是否有松动现象，如有应及时加固。导轨支架松动或开焊也可能造成导轨位移，此时应根据具体情况进行紧固或补焊。

12. 安全钳钳座

1）安全钳安装在轿厢下部的，应在底坑检查安全钳钳座，一人在轿顶操作检修装置使轿厢向下运行，将轿厢停在合适的位置并切断驱动主电源。

2）另一人先按下底坑急停开关，然后检查并紧固安全钳钳座的固定螺栓。

3）安全钳安装在轿厢上部的，应在轿顶检查安全钳钳座，将轿厢停在适当位置并切断驱动主电源，检查并紧固钳座固定螺栓。

图5-36 清洁导轨表面

4）安全钳钳座内油污严重的，应拆下清洗（见图5-37）。

5）重新装配安全钳钳座后，应按制造厂家的技术要求和方法调整制动钳块间隙，并进行试验以确认安全钳的制动性能。

13. 轿底各安装螺栓

1）一人在轿顶操作检修装置使轿厢向下运行，将轿厢停在下端站适合底坑维保人员操作的位置。

2）另一人在底坑检查轿厢下梁、横梁、补偿链（绳）、随行电缆等部件的固定螺栓是否有松动，如有松动应用扳手进行紧固，如图5-38所示。

图5-37　清洗安全钳钳座　　　　　图5-38　固定轿底直梁螺栓

14. 随行电缆

1）进入轿顶，全程检修运行，在轿顶或底坑清洁并观察随行电缆与其他装置之间的距离。

2）轿厢在底层平层时，检查电缆最低点与底坑地面之间的距离是否大于缓冲器压缩行程与缓冲距的总和，如图5-39所示。

15. 轿厢称量装置

1）在轿厢内加入砝码，当砝码的重量为轿厢载重量的80%时，电梯应显示满载信号；当砝码的重量为轿厢载重量的110%时，电梯应显示超载信号，并发出警报。

2）当载重量不满足要求时，应重新调整称量装置。

a) 随行电缆固定处　　　b) 随行电缆与轿厢底部连接处

图5-39　检查随行电缆

16. 缓冲器

1）进入底坑，切断电梯驱动主电源。

2）检查缓冲器的固定情况（见图5-40a），以及锈蚀、变形情况和防尘防锈措施。

3）测量耗能型缓冲器的复位时间。

① 将限位开关、极限开关短接，以检修速度向下运行空载轿厢，将缓冲器压缩，观察电气安全装置的动作情况。

② 将限位开关、极限开关和相关的电气安全装置短接，以检修速度向下运行空载轿厢，将缓冲器完全压缩，测量从轿厢开始向上运行到缓冲器恢复原状的时间。

17. 层门装置和地坎

1）进入轿顶，检修运行电梯至适当位置，切断驱动主电源。

a) 固定轿厢缓冲器螺栓

b) 检查对重缓冲器

图 5-40 检查轿厢缓冲器和对重缓冲器

2）检查和清洁层门各部位（见图 5-41a），如层门装置有影响正常使用的变形，应及时调整，无法调整的应予更换。

3）检查层门装置上各螺栓的固定情况（见图 5-41b），必要时润滑活动元件。

4）检查各层门地坎的固定情况。

5）检查各层门地坎的磨损和变形情况，必要时及时调整或更换。

a) 清扫门地坎

b) 固定门扇

图 5-41 检查层门装置和地坎

工作步骤

步骤一：实训准备

1）实训前，先由指导教师进行安全与规范操作的教育。

2）按照"学习任务 1.2"的规范要求做好维保前的准备工作。

3）向相关人员（如管理人员、乘用人员或司机）询问电梯的运行情况。

4）准备相应的维保工具。

步骤二：年度维护保养操作

1）将轿厢运行到基站。

2）到机房将检修开关置于"检修"位置，并挂上警示牌。

3）按照 TSG T5002—2017《电梯维护保养规则》"曳引与强制驱动电梯维护保养项目（内容）和要求"中的"年度维护保养项目（内容）和要求"（见附录Ⅳ的表 A-4），分别按表中所列的 17 个项目进行电梯的年度维护保养工作。

4）完成维护保养工作后，将检修开关复位，并收好警示牌。

步骤三：填写年度维护保养记录单

维护保养工作结束后，维保人员应填写维护保养记录单（参考表格见表5-13）。

表5-13 电梯年度维护保养记录单

序号	维护保养项目（内容）	维护保养基本要求	完成情况	备注
1	减速机润滑油	按照制造单位要求适时更换，保证油质符合要求		
2	控制柜接触器、继电器触点	接触良好		
3	制动器柱塞（铁心）	进行清洁、润滑、检查，磨损量不超过制造单位要求		
4	制动器制动能力	符合制造单位要求，保持有足够的制动力，必要时进行轿厢装载125%额定载重量的制动试验		
5	导电回路绝缘性能测试	符合标准		
6	限速器安全钳联动试验（对于使用年限不超过15年的限速器，每两年进行一次限速器动作速度校验；对于使用年限超过15年的限速器，每年进行一次限速器动作速度校验）	工作正常		
7	上行超速保护装置动作试验	工作正常		
8	轿厢意外移动保护装置动作试验	工作正常		
9	轿顶、轿厢架、轿门及其附件安装螺栓	紧固		
10	轿厢和对重/平衡重的导轨支架	固定，无松动		
11	轿厢和对重/平衡重的导轨	清洁，压板牢固		
12	随行电缆	无损伤		
13	层门装置和地坎	无影响正常使用的变形，各安装螺栓紧固		
14	轿厢称量装置	准确有效		
15	安全钳钳座	固定，无松动		
16	轿底各安装螺栓	紧固		
17	缓冲器	固定，无松动		

维修保养人员：　　　　　　　　　　　　　　　　　　　　　日期：　　年　　月　　日

使用单位意见：

使用单位安全管理人员：　　　　　　　　　　　　　　　　　日期：　　年　　月　　日

注：完成情况（如完好打√，有问题打×，如有维修请在备注栏说明）

 **评价反馈**

（一）自我评价（40分）

由学生根据学习任务完成情况进行自我评价，评分值记录于表5-14中。

表5-14 自我评价

学习任务	项目内容	配分	评分标准	扣分	得分
学习任务 5.4	1. 安全意识	10分	1. 不按要求穿着工作服、戴安全帽、穿防滑电工鞋（扣1~2分） 2. 在轿顶操作未系好安全带（扣1分） 3. 不按要求进行带电或断电作业（扣1~2分） 4. 在电梯底坑有人时移动轿厢或进入轿顶（扣1分） 5. 不按安全要求规范使用工具（扣1~2分） 6. 其他违反安全操作规范的行为（扣1~2分）		
	2. 维护保养操作	80分	1. 维护保养前工具选择不正确（扣10分） 2. 维护保养操作不规范（扣5~30分） 3. 维护保养工作未完成（每项扣10分） 4. 维护保养记录单填写不正确、不完整（每项扣3~5分）		
	3. 职业规范和环境保护	10分	1. 工作过程中，工具和器材摆放凌乱（扣1~2分） 2. 不爱护设备、工具，不节省材料（扣1~2分） 3. 工作完成后不清理现场，工作中产生的废弃物不按规定处置，各扣2分（若将废弃物遗弃在井道内的可扣4分）		

总评分 =（1~3项总分）×40%

签名：_____ _____ 年____月____日

（二）小组评价（30分）

由同一实训小组的同学结合自评的情况进行互评，将评分值记录于表5-15中。

表5-15 小组评价

项目内容	配 分	评 分
1. 实训记录与自我评价情况	30分	
2. 相互帮助与协作能力	30分	
3. 安全、质量意识与责任心	40分	

总评分 =（1~3项总分）×30%

参加评价人员签名：_____ _____ 年____月____日

（三）教师评价（30分）

由指导教师结合自评与互评的结果进行综合评价，并将评价意见与评分值记录于表5-16中。

表 5-16 教师评价

教师总体评价意见：	
	教师评分（30分）
	总评分 = 自我评分 + 小组评分 + 教师评分

教师签名：_____ _____年___月___日

项目小结

　　本项目是电梯维护保养的内容，分别介绍了电梯半月、季度、半年和年度维护保养的项目（内容）、基本要求和操作方法。

　　按照 TSG T5002—2017《电梯维护保养规则》"曳引与强制驱动电梯维护保养项目（内容）和要求"，电梯的维护保养项目分为半月、季度、半年、年度四类（分别见附录Ⅳ 的表 A-1～表 A-4）。维护保养单位应当依据各附件的要求，按照安装使用维护说明书的规定，并且根据所保养电梯使用的特点，制定合理的维护保养计划与方案，对电梯进行清洁、润滑、检查、调整，更换不符合要求的易损件，使电梯达到安全要求，保证电梯能够正常运行。现场维护保养时，如果发现电梯存在的问题需要通过增加维护保养项目（内容）才能予以解决的，维护保养单位应当相应增加并且及时修订维护保养计划与方案。当通过维护保养或者自行检查，发现电梯仅依据合同规定的维护保养内容已经不能保证安全运行，需要改造、修理（包括更换零部件）、更新电梯时，维护保养单位应当书面告知使用单位。

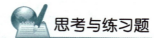

思考与练习题

5-1 填空题

　　1. 根据 TSG T5002—2017《电梯维护保养规则》的规定：电梯的维护保养分为_____、_____、_____和_____维护保养。

　　2. 曳引电动机每相绕组之间和每相绕组对地的绝缘电阻应不低于_____ MΩ。

　　3. 曳引电动机通过_____与蜗杆连接。

　　4. 当发现减速箱内蜗轮与蜗杆啮合轮齿侧间隙超过_____ mm，或轮齿磨损量达到原齿厚的_____%时，应予更换。

　　5. 制动器在松闸时两侧闸瓦应同步离开制动轮表面，且其间隙应不大于_____ mm。

　　6. 检查制动器电磁线圈接头有无松动，线圈的绝缘是否良好；用温度计测量电磁线圈的温升应不超过_____℃，最高温度不高于_____℃。

　　7. 各根曳引钢丝绳张力的相互差距应不超过_____%。

　　8. 轿厢轿有反绳轮时，反绳轮应有保护罩和_____。

9. 对重下端与对重缓冲器顶端的距离，如果是弹簧缓冲器应为＿＿＿＿＿mm，如果是液压缓冲器应为＿＿＿＿＿mm。

10. 轿门关闭后的门缝隙应不大于＿＿＿＿＿mm。

11. 在保养导靴上油杯时应检查吸油毛毡是否齐全，＿＿＿＿＿＿＿＿＿＿＿＿＿。

12. 导轨接头处台阶应不大于＿＿＿＿＿mm。

13. 限速器绳轮的垂直度误差应不大于＿＿＿＿＿mm。

14. 安全钳楔块面与导轨侧面间隙应为＿＿＿＿＿mm，且两侧间隙应较均匀，安全钳动作应灵活可靠。

15. 检验三类端站开关的顺序应该是：先检验＿＿＿＿＿开关，再检验＿＿＿＿＿开关，最后检验＿＿＿＿＿开关。

16. 所谓"五方通话装置"，是指安装在＿＿＿＿＿、＿＿＿＿＿、＿＿＿＿＿、＿＿＿＿＿和＿＿＿＿＿地方的对讲机。

17. 电梯的报警铃安装在＿＿＿＿＿＿＿＿＿＿＿。

18. 应急照明装置在停电后能保证应急照明至少能持续＿＿＿＿＿h。

19. 轿内地板照明度应在＿＿＿＿＿lx 以上。

5-2　选择题

1. 现场维护保养时，如果发现电梯存在的问题需要通过增加维护保养项目（内容）才能予以解决的，维护保养单位应当（　　）。

A. 相应增加并且及时修订维护保养计划与方案

B. 及时修订维护保养计划与方案

C. 口头告知使用单位

D. 书面告知使用单位

2. 现场维护保养时，当通过维护保养或者自行检查，发现电梯仅依据合同规定的维护保养内容已经不能保证安全运行，需要改造、修理（包括更换零部件）、更新电梯时，维护保养单位应当（　　）。

A. 相应增加并且及时修订维护保养计划与方案

B. 及时修订维护保养计划与方案

C. 口头告知使用单位

D. 书面告知使用单位

3. 曳引电动机的轴承应（　　）加油一次。

A. 每半月　　　　　B. 每季度　　　　　C. 每半年　　　　　D. 每年

4. 减速箱、电动机和曳引轮轴承等处应润滑良好，油温应不超过（　　）℃。

A. 65　　　　　B. 75　　　　　C. 85　　　　　D. 95

5. 减速箱滚动轴承用轴承润滑脂必须填满轴承空腔的（　　）。

A. 1/2　　　　　B. 1/3　　　　　C. 2/3　　　　　D. 全部

6. 电梯运行时，制动器闸瓦与制动轮的间隙应（　　）。

A. ＞0.7mm　　　　　B. ＜0.7mm　　　　　C. ＞7mm　　　　　D. ＜7mm

7. 制动器必须灵活可靠，制动闸瓦应紧密地贴合在制动轮的工作表面上，新换装闸带，要求闸带与制动轮的接触面应不小于闸带面积的（　　　）。

A. 70%　　　　　　B. 80%　　　　　　C. 90%　　　　　　D. 100%

8. 按照 TSG T5002—2017《电梯维护保养规则》，制动器应符合制造单位要求，保持有足够的制动力，必要时进行轿厢装载（　　　）% 额定载重量的制动试验。

A. 100　　　　　　B. 105　　　　　　C. 115　　　　　　D. 125

9. 检查制动器铁心的磨损量，如果制动器上的可动销轴磨损量超过原直径的（　　　）或椭圆度误差超过 0.5mm 时，应更换新轴。

A. 3%　　　　　　B. 5%　　　　　　C. 8%　　　　　　D. 10%

10. 当曳引钢丝绳磨损后其直径小于或等于原直径的（　　　）时应予报废。

A. 80%　　　　　　B. 85%　　　　　　C. 90%　　　　　　D. 95%

11. 曳引绳的底端与绳槽底的间距小于（　　　）mm 时，绳槽应重新加工或更换曳引轮。

A. 0.7　　　　　　B. 1　　　　　　C. 2　　　　　　D. 3

12. 曳引轮各绳槽之间的磨损量（　　　）或钢绳与槽底间距 <1.0mm 时应更换或重新加工曳引轮。

A. >1.5mm　　　　B. >1.0mm　　　　C. >0.5mm　　　　D. <1.0mm

13. 规定曳引钢丝绳的公称直径应不小于（　　　）mm。

A. 2　　　　　　　B. 4　　　　　　C. 6　　　　　　D. 8

14. 轿顶轮和对重轮的轴承应（　　　）加油一次。

A. 每半月　　　　B. 每季度　　　　C. 每半年　　　　D. 每年

15. 平层感应器和遮光板（隔磁板）安装应平正、垂直。遮光板（隔磁板）插入感应器时两侧间隙应尽量一致，其偏差最大不得大于（　　　）mm。

A. 1　　　　　　　B. 2　　　　　　C. 3　　　　　　D. 4

16. 电梯轿厢的平层准确度宜在 ±（　　　）mm 的范围内，平层保持精度宜在 ±（　　　）mm 的范围内。

A. 5　　　　　　　B. 10　　　　　　C. 20　　　　　　D. 30

17. 检查门安全触板的冲击力应小于（　　　）N。

A. 5　　　　　　　B. 10　　　　　　C. 15　　　　　　D. 20

18. 当电梯因故障停在门区范围内，轿厢门应能在里面用手扒开，其扒门力应为（　　　）N。

A. 10 ~ 20　　　　B. 20 ~ 30　　　　C. 30 ~ 40　　　　D. 40 ~ 50

19. 在层门关闭上锁后，层门门锁的啮合长度必须超过（　　　）mm。

A. 5　　　　　　　B. 6　　　　　　C. 7　　　　　　D. 8

20. 门扇之间及门扇与立柱、门楣和地坎之间的间隙，乘客电梯应不大于（　　　）mm；载货电梯应不大于（　　　）mm，使用过程中由于磨损，允许达到（　　　）mm。

A. 6　　　　　　　B. 8　　　　　　C. 10　　　　　　D. 12

21. 在水平移动门和折叠门主动门扇的开启方向，以 150N 的推力施加在最不利的点，两门扇间的间隙对于旁开门不大于（　　　）mm，对于中分门其总和不大于（　　　）mm。

A. 30　　　　　　B. 35　　　　　　C. 40　　　　　　D. 45

22. 轿门开门限制装置是为了防止开锁区域外从轿厢内扒开轿门自救的保护装置。在轿门开门限制装置施加 1000N 的力时，轿门开起不能超过（　　）mm。

 A. 30   B. 40   C. 50   D. 60

23. 当轿门关闭时，轿门开门限制装置的电气触点需超过接触行程（　　）mm。

 A. 1 ~ 2   B. 2 ~ 3   C. 3 ~ 4   D. 2 ~ 4

24. 当靴衬工作面磨损超过（　　）mm 以上时，应更换新靴衬。

 A. 0.5   B. 1   C. 2   D. 4

25. 当轿厢内的载重量达到（　　）的额定载重量时，满载开关应动作。

 A. 70% ~ 80%   B. 80% ~ 90%   C. 90% ~ 100%   D. 100% ~ 110%

26. 当轿厢内的载重量达到（　　）% 的额定载重量时，超载开关应动作。

 A. 80   B. 90   C. 100   D. 110

27. 检查缓冲器柱塞复位情况的方法是：以低速使缓冲器到全压缩位置，然后放开，从开始放开的一瞬间计算，到柱塞回到原位置上，所需时间应不大于（　　）。

 A. 60s   B. 90s   C. 120s   D. 150s

28. 电梯在顶层端面站平层时，对重底部撞板与缓冲器顶面间应有足够的距离；耗能型缓冲器为（　　）mm，蓄能型缓冲器为（　　）mm。

 A. 100 ~ 150   B. 150 ~ 400   C. 200 ~ 350   D. 20 ~ 400

29. 缓冲器的中心线应与轿厢或对重上的碰板中心对正，允许偏差为（　　）mm。

 A. 10   B. 20   C. 30   D. 40

30. 两个相邻安装的缓冲器其高度相差应不大于（　　）mm。

 A. 1   B. 2   C. 3   D. 4

31. 限速器动作时，限速绳的最大张力应不小于安全钳提拉力的（　　）倍。

 A. 5   B. 3   C. 2   D. 1

32. 按照 TSG T5002—2017《电梯维护保养规则》，曳引与强制驱动电梯年度维护保养应进行限速器安全钳联动试验：对于使用年限不超过（　　）年的限速器，每两年进行一次限速器动作速度校验；对于使用年限超过（　　）年的限速器，每年进行一次限速器动作速度校验。

 A. 5   B. 10   C. 15   D. 20

33. 瞬时式安全钳用于速度不大于（　　）m/s 的电梯，渐进式安全钳用于速度大于（　　）m/s 的电梯。

 A. 0.63   B. 1.00   C. 1.75   D. 1.20

34. 轿厢超过上下端站（　　）mm 时极限开关动作。

 A. 50   B. 80   C. 100   D. 150

35. 轿厢在底层平层时，检查随行电缆最低点与底坑地面之间距离是否应（　　）缓冲器压缩行程与缓冲距的总和。

 A. 大于   B. 小于   C. 等于   D. 小于等于

36. 对电梯轿厢平衡系数测试规定：运行负载宜在轿厢以额定载重量的（　　）时上、下运行，当轿厢与对重运行到同一水平位置时测量电动机输入端的电流。

 A. 25%、30%、40%、50%、60%   B. 30%、40%、45%、50%、60%

 C. 30%、40%、50%、60%、100%   D. 40%、50%、60%、100%、110%

37. GB/T 10058—2009《电梯技术条件》中规定：当电源在额定频率、额定电压时，载有50%额定载重量的轿厢向下运行至行程中段（除去加速度和减速度）时的速度，不应大于额定速度的（　　）%，宜不小于额定速度的（　　）%。

A. 92　　　　　　　　B. 95　　　　　　　　C. 105　　　　　　　　D. 108

5-3 判断题

1. 减速箱允许两种以上的机油混合使用。（　　）
2. 减速箱的蜗轮与蜗杆在更换时要成对更换。（　　）
3. 应定期给电磁制动器的制动闸瓦和制动轮加润滑油。（　　）
4. 曳引钢丝绳上的润滑油应越多越好。（　　）
5. 曳引钢丝绳出现少量断丝仍可继续使用。（　　）
6. 在层门关闭上锁后，必须保证不能从外面开启。（　　）
7. 轿厢不在平层位置时，从轿厢里应无法打开轿门。（　　）
8. 打开轿门电梯应不能运行。（　　）
9. 如果门锁开关损坏，可以将门锁开关触点短接来使电梯暂时运行。（　　）
10. 油杯是安装在导靴上给导轨和导靴润滑的自动润滑装置。（　　）
11. 对限速器钢丝绳的维护保养没有曳引钢丝绳的重要。（　　）
12. 在对限速器进行维护保养时，应随时调整限速器弹簧的张紧力以调整限速器的速度。（　　）
13. 轿厢被安全钳制停时不应产生过大的冲击力，同时也不能产生太长的滑行。（　　）
14. 如果在检验中发现极限开关失灵，那么在修复之前应该检验该方向的其他两个行程限位保护开关。（　　）
15. 轿厢应急照明应能让乘客看清有关报警的文字说明。（　　）
16. 底层端站层门传动系统的检查和清洁，宜在任一层的层门外进行。（　　）

5-4 学习记录与分析

1. 分析表5-1中记录的内容，小结学习电梯半月维护保养操作的主要收获与体会。
2. 分析表5-5中记录的内容，小结学习电梯季度维护保养操作的主要收获与体会。
3. 分析表5-9中记录的内容，小结学习电梯半年维护保养操作的主要收获与体会。
4. 分析表5-13中记录的内容，小结学习电梯年度维护保养操作的主要收获与体会。

5-5 试叙述对本任务与实训操作的认识、收获与体会

附　　录

 ## 附录 I　亚龙 YL 系列电梯教学设备

亚龙 YL 系列电梯教学设备见表 I-1。

表 I-1　亚龙 YL 系列电梯教学设备

序号	设 备 型 号	设 备 名 称	主要实训项目
1	YL-777	电梯安装、维修与保养实训考核装置	21
2	YL-770	电梯电气安装与调试实训考核装置	7
3	YL-771	电梯井道设施安装与调试实训考核装置	12
4	YL-772	电梯门机构安装与调试实训考核装置	12
5	YL-772A	电梯门系统安装实训考核装置	11
6	YL-773	电梯限速器安全钳联动机构实训考核装置	12
7	YL-773A	电梯限速器安全钳联动机构实训考核装置	6
8	YL-774	电梯曳引系统安装实训考核装置	18
9	YL-775	万能电梯门系统安装实训考核装置	17
10	YL-2170A	自动扶梯维修与保养实训考核装置	17
11	YL-778	自动扶梯维修与保养实训考核装置	15
13	YL-778A	自动扶梯梯级拆装实训装置	5
14	YL-779	电梯曳引绳头实训考核装置	3
15	YL-779A～M	电梯基础技能实训考核装置	35
16	YL-780	电梯曳引机解剖装置	
17	YL-2190A	电梯井道设施安装实训考核装置	10
18	YL-2086A	电梯曳引机安装与调试实训考核装置	5
19	YL-2189A	电梯限速器安全钳联动机构实训考核装置	6
20	YL-2187A	电梯门系统安装与调试实训考核装置	20
21	YL-2187C	电梯层门安装实训考核装置	10
22	YL-2187D	电梯轿门安装与调试实训考核装置	10
23	YL-2196A	现代智能物联网群控电梯电气控制实训考核装置	16
24	YL-2195D	现代电梯电气控制实训考核装置	12
25	YL-2195E	现代智能物联网电梯电气控制实训考核装置	14
26	YL-2197C	电梯电气控制装调实训考核装置	12
27	YL-SWS27A	电梯 3D 安装仿真软件	10
28	YL-2171A	现代自动扶梯电气实训考核装置	
29	YL-2180B	有机房电梯安装实训装置	

注：以设备说明书为准。

亚龙 YL 系列电梯教学设备目前共有 29 种产品，见表 I-1。部分设备简介如下。

一、亚龙 YL-777 型电梯安装、维修与保养实训考核装置

亚龙 YL-777 型电梯安装、维修与保养实训考核装置的外观如图 I-1 所示。

图 I-1 亚龙 YL-777 型电梯安装、维修与保养实训考核装置外观

本装置由钢结构井道平台、曳引系统、导向系统、轿厢、门系统、重量平衡系统、电力拖动系统、电气控制系统、安全保护系统等系统单元组成。

二、亚龙 YL-2170A 型自动扶梯维修与保养实训考核装置

亚龙 YL-2170A 型自动扶梯维修与保养实训考核装置是 YL-777 型电梯安装、维修与保养实训考核装置的配套设备之一，其外观如图 I-2 所示。

图 I-2 亚龙 YL-2170A 型自动扶梯维修与保养实训考核装置外观

整个装置采用金属骨架、曳引装置、驱动装置、扶手驱动装置、梯路导轨、梯级传动链、梯级、梳齿前沿板、电气控制系统、自动润滑系统等部分组成。

三、亚龙 YL-2187A 型电梯门系统安装与调试实训考核装置

亚龙 YL-2187A 型电梯门系统安装与调试实训考核装置是根据电梯门系统安装与调试教学要求而开发的一种电梯门机构实训考核装置，其外观如图 I-3 所示。

图 I-3　亚龙 YL-2187A 型电梯门系统安装与调试实训考核装置外观

本装置主要由钢结构框架、门机、轿门、层门等部件组成。门机采用目前市场最主流的永磁变频门机（也可以根据客户需求定制）。

四、亚龙 YL-2195D 型现代电梯电气控制实训考核装置

亚龙 YL-2195D 型现代电梯电气控制实训考核装置外观如图 I-4所示。该装置是融合了电气控制技术、电力拖动技术、门禁安防技术、通信技术、智能传感器检测技术和远程控制技术等多种技术为一体的电梯控制技术实训考核装备。

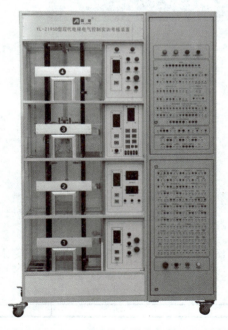

图 I-4　亚龙 YL-2195D 型现代电梯电气控制实训考核装置外观

附录Ⅱ 亚龙 YL-777 型电梯电气原理图（部分）

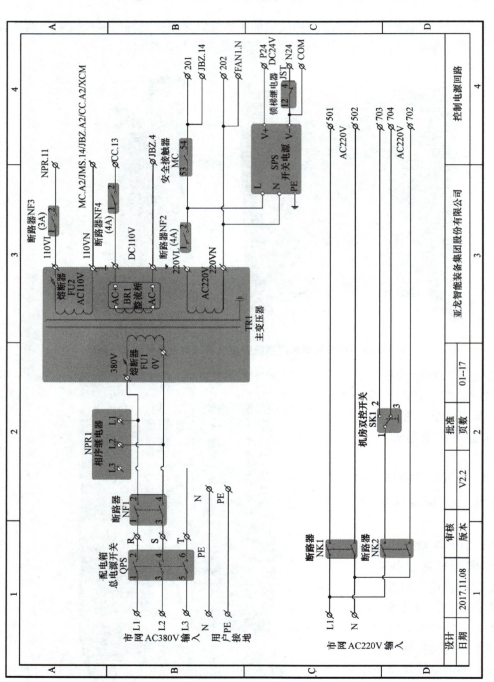

图Ⅱ-1 控制电源电路图

注：本附录中出现的电路图均由亚龙智能装备集团股份有限公司提供，用于电梯维修人员对电梯进行现场维修与保养。本附录中电气符号未按国家标准画出，特此说明。机房电缆布置图、轿顶电缆布置图、井道电缆布置图、电缆线号定义以反元件代号请查阅亚龙智能装备集团股份有限公司的相关资料。

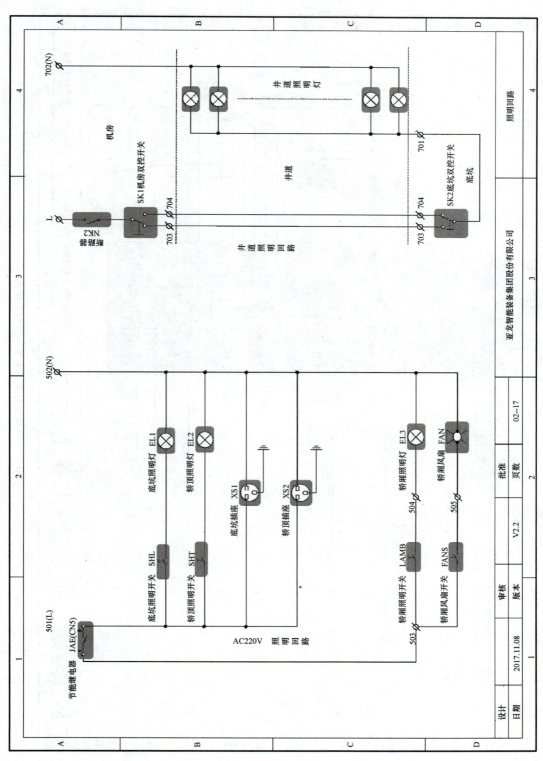

机房

SK1机房双控开关

井道

井道照明灯

702(N)

底坑

SK2底坑双控开关

井道照明回路

NK2照明继电器

L

703 704

701

照明回路

502(N)

底坑照明灯 EL1

轿顶照明灯 EL2

底坑插座 XS1

轿顶插座 XS2

轿厢照明灯 EL3

轿厢风扇 FAN

底坑照明开关 SHL

轿顶照明开关 SHT

轿厢照明开关 LAMB

轿厢风扇开关 FANS

504

505

501(L)

JAE(CN5)

节能继电器

AC220V 照明回路

503

亚龙智能装备集团股份有限公司

照明回路

图Ⅱ-2　照明电路图

设计		审核		批准		页数	2
日期	2017.11.08	版本	V2.2	02--17			

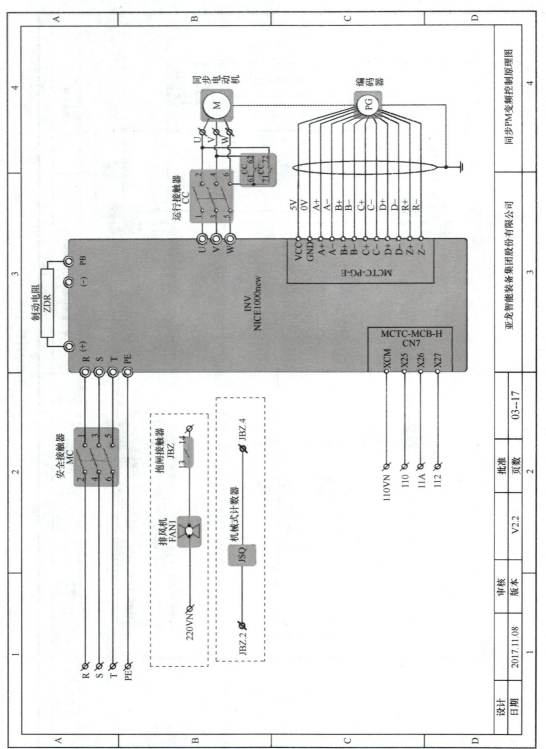

图Ⅱ-3 电梯曳引电动机变频控制电路图

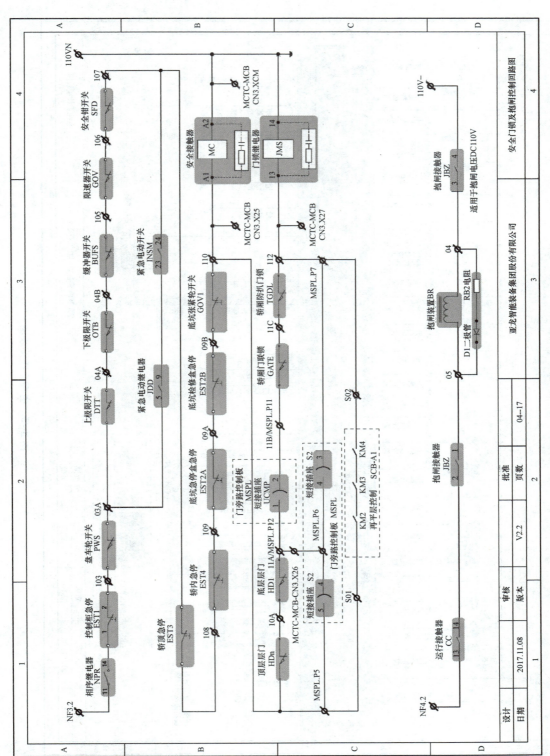

图 II-4　安全及制动控制电路图

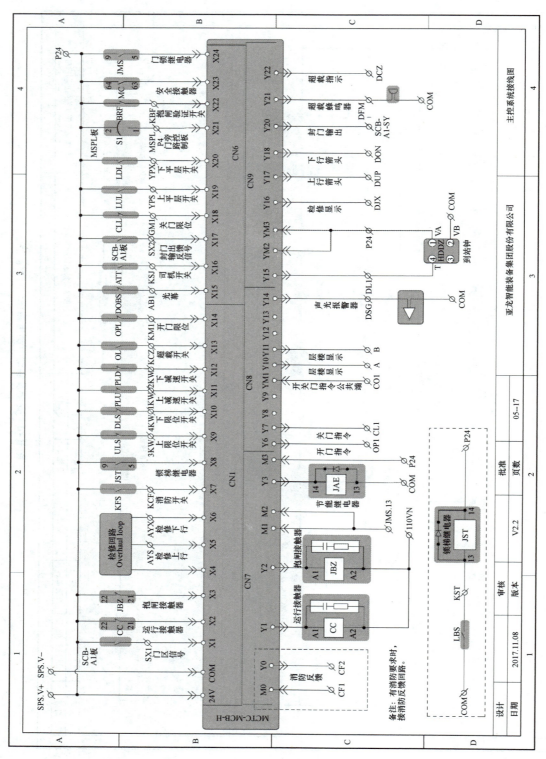

图 II-5 主控系统接线图

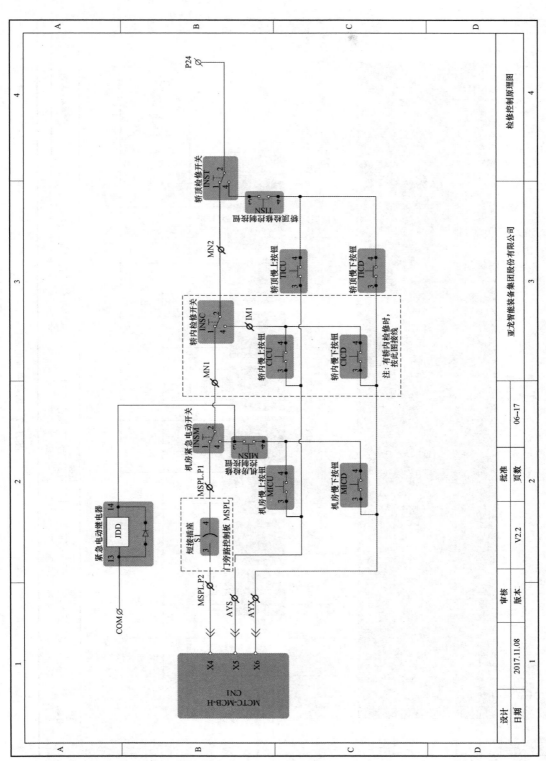

图 II-6　检修控制电路图

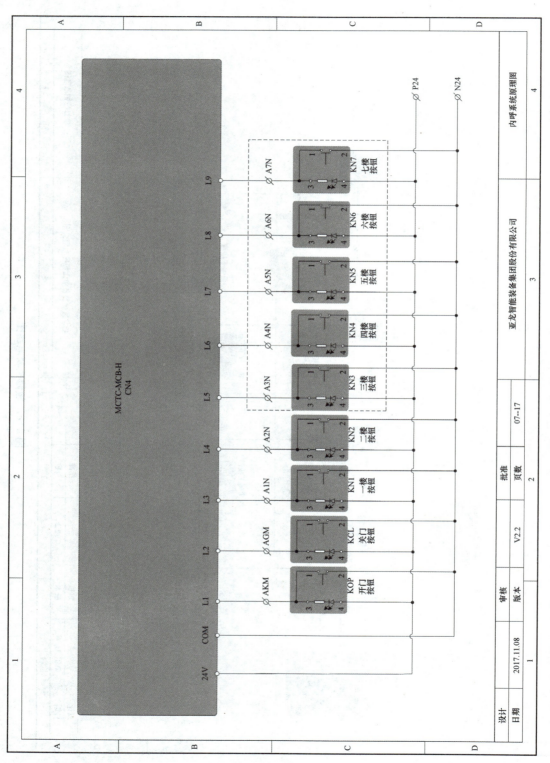

图 II - 7 内呼系统电路图

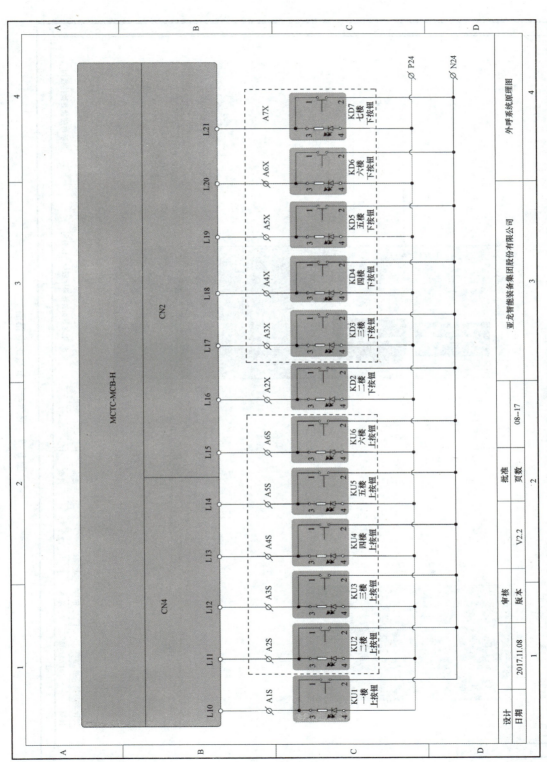

图 II - 8　外呼系统电路图

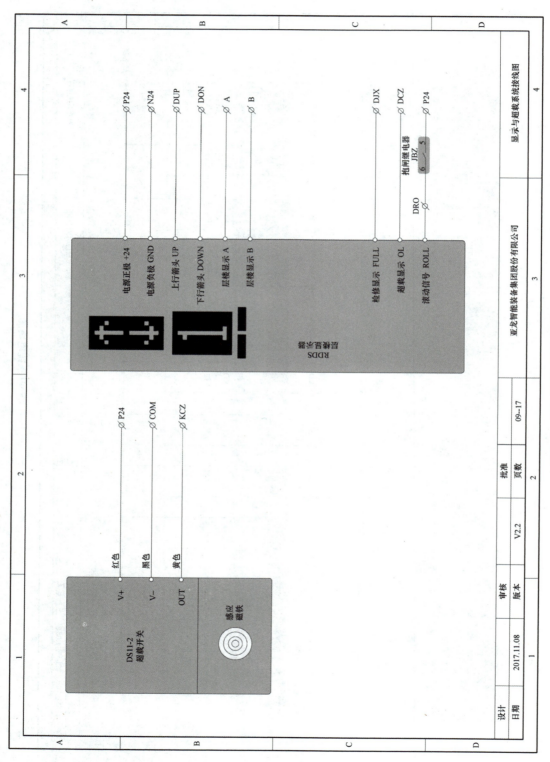

图 II - 9　显示与超载系统电路图

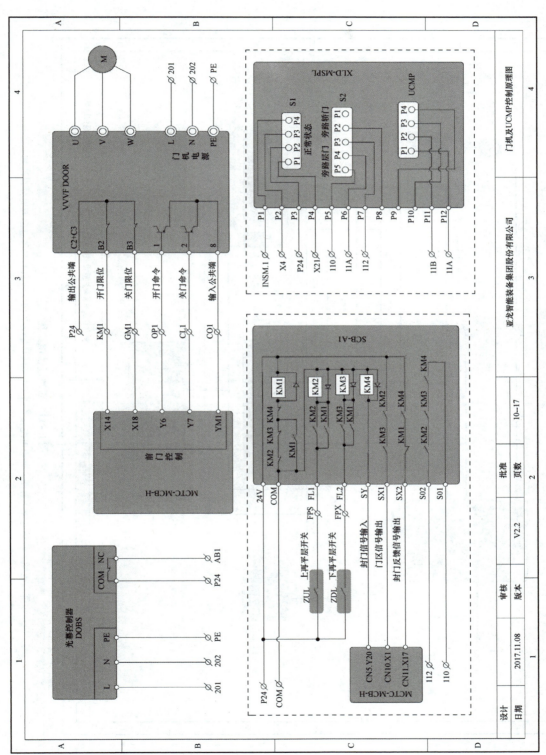

图 II -10　门电动机控制电路图

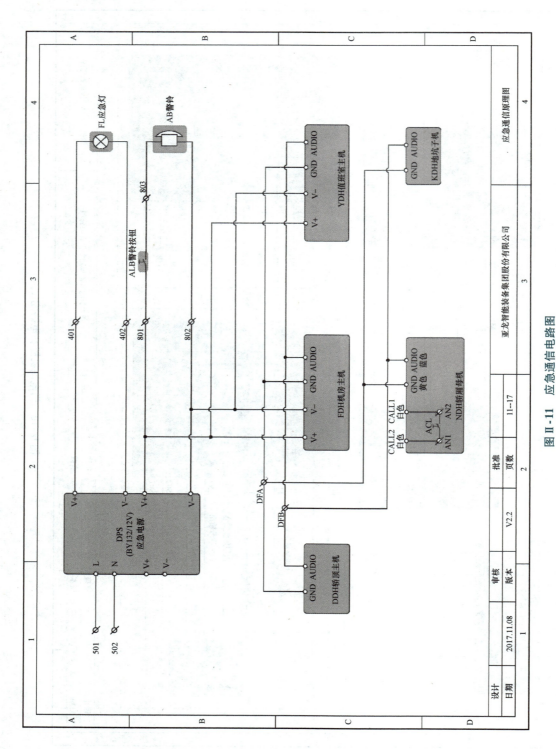

图Ⅱ-11 应急通信电路图

注：机房电缆布置图、轿顶电缆布置图、井道电缆布置图、电缆线号定义1、2 和元件代号请查阅亚龙公司的相关资料。

附录Ⅲ　亚龙 YL-777 型电梯故障代码

一、故障类别说明

电梯一体化控制器有近 60 项警示信息和保护功能。电梯一体化控制器实时监视各种输入信号、运行条件、外部反馈信息等，一旦发生异常，相应的保护功能动作，电梯一体化控制器显示故障代码。

电梯一体化控制器是一个复杂的电控系统，它产生的故障信息可以根据对系统的影响程度分为 5 个类别。不同类别的故障对应的处理方式也不同，对应关系见表Ⅲ-1。

表Ⅲ-1　故障分类说明

故障类别	电梯一体化控制器故障状态	电梯一体化控制器处理方式
1 级故障	◆ 显示故障代码 ◆ 故障继电器输出动作	1A—各种工况运行不受影响
2 级故障	◆ 显示故障代码 ◆ 故障继电器输出动作 ◆ 可以进行电梯的正常运行	2A—并联/群控功能无效
		2B—提前开门/再平层功能无效
3 级故障	◆ 显示故障代码 ◆ 故障继电器输出动作 ◆ 停机后立即封锁输出，关闭抱闸	3A—低速时，特殊减速停车，不可再起动
		3B—低速运行不停车，高速停车后延迟 3s，低速可再次运行
4 级故障	◆ 显示故障代码 ◆ 故障继电器输出动作 ◆ 距离控制时，系统减速停车，不可再运行	4A—低速时，特殊减速停车，不可再起动
		4B—低速运行不停车，高速停车后延迟 3s，低速可再次运行
		4C—低速运行不停车，停车后延迟 3s，低速可再次运行
5 级故障	◆ 显示故障代码 ◆ 故障继电器输出动作 ◆ 立即停车	5A—低速立即停车，不可再起动运行
		5B—低速运行不停车，停车后延迟 3s，低速可以再运行

二、故障信息及对策

如果电梯一体化控制器出现故障报警信息，将会根据故障代码的级别进行相应处理。此时用户可以根据表Ⅲ-2 所提示的信息进行故障分析，确定故障原因，找出解决方法。

表Ⅲ-2 故障代码、故障原因及处理方法

故障代码	故障描述	故障原因	处理方法	类别
Err02	加速过电流	◆ 主电路输出接地或短路 ◆ 电动机是否进行了参数调谐 ◆ 负载太大 ◆ 编码器信号不正确 ◆ UPS运行反馈信号是否正常	◆ 检查控制器输出侧，运行接触器是否正常 ◆ 检查动力线是否有表层破损，是否有对地短路的可能性。连线是否牢靠 ◆ 检查电动机侧接线端是否有铜丝搭地；检查电动机内部是否短路或搭地 ◆ 检查封星［5］接触器是否造成控制器输出短路	5A
Err03	减速过电流	◆ 主电路输出接地或短路 ◆ 电动机是否进行了参数调谐 ◆ 负载太大 ◆ 减速曲线太陡 ◆ 编码器信号不正确	◆ 检查电动机参数是否与铭牌相符 ◆ 重新进行电动机参数自学习 ◆ 检查抱闸报故障前制动器闸瓦是否持续张开；检查是否有机械上的卡死 ◆ 检查平衡系数是否正确	5A
Err04	恒速过电流	◆ 主电路输出接地或短路 ◆ 电动机是否进行了参数调谐 ◆ 负载太大 ◆ 旋转编码器干扰大	◆ 检查编码器相关接线是否正确可靠。异步电动机可尝试开环运行，比较电流，以判断编码器是否工作正常 ◆ 检查编码器每转脉冲数设定是否正确；检查编码器信号是否受干扰；检查编码器走线是否独立穿管，走线距离是否过长；屏蔽层是否单端接地 ◆ 检查编码器安装是否可靠，旋转轴是否与电动机轴连接牢靠，高速运行中是否平稳 ◆ 检查在非UPS运行的状态下，UPS反馈是否有效（Err02） ◆ 检查加/减速度是否过大（Err02、Err03）	5A
Err05	加速过电压	◆ 输入电压过高 ◆ 电梯倒拉严重 ◆ 制动电阻选择偏大，或制动单元异常 ◆ 加速曲线太陡		5A
Err06	减速过电压	◆ 输入电压过高 ◆ 制动电阻选择偏大，或制动单元异常 ◆ 减速曲线太陡	◆ 调整输入电压；观察母线电压是否正常，运行中是否上升太快 ◆ 检查平衡系数 ◆ 选择合适的制动电阻；参照制动电阻推荐参数表观察是否阻值过大 ◆ 检查制动电阻接线是否有破损，是否有搭地现象，接线是否牢靠	5A
Err07	恒速过电压	◆ 输入电压过高 ◆ 制动电阻选择偏大，或制动单元异常		5A
Err09	欠电压故障	◆ 输入电源瞬间停电 ◆ 输入电压过低 ◆ 驱动控制板异常	◆ 排除外部电源问题；检查是否有运行中电源断开的情况 ◆ 检查所有电源输入线接线头是否连接牢靠 ◆ 请与代理商或厂家联系	5A

（续）

故障代码	故障描述	故障原因	处理方法	类别
Err10	驱动器过载	◆ 抱闸回路异常 ◆ 负载过大 ◆ 编码器反馈信号是否正常 ◆ 电动机参数是否正确 ◆ 检查电动机动力线	◆ 检查抱闸回路、供电电源 ◆ 减小负载 ◆ 检查编码器反馈信号及设定是否正确，同步电动机编码器初始角度是否正确 ◆ 检查电动机相关参数，并调谐 ◆ 检查电动机相关动力线（参见 Err02 处理方法）	4 A
Err11	电动机过载	◆ FC-02 设定不当 ◆ 抱闸回路异常 ◆ 负载过大	◆ 调整参数，可保持 FC-02 为默认值 ◆ 参见 Err10	3 A
Err12	输入侧断相	◆ 输入电源不对称 ◆ 驱动控制板异常	◆ 检查输入侧三相电源是否平衡，电源电压是否正常，调整输入电源 ◆ 请与代理商或厂家联系	4 A
Err13	输出侧断相	◆ 主电路输出接线松动 ◆ 电动机损坏	◆ 检查连线 ◆ 检查输出侧接触器是否正常 ◆ 排除电动机故障	4 A
Err14	模块过热	◆ 环境温度过高 ◆ 风扇损坏 ◆ 风道堵塞	◆ 降低环境温度 ◆ 清理风道 ◆ 更换风扇 ◆检查控制器的安装空间距离是否符合要求	5 A
Err15	输出侧异常	◆ 制动输出侧短路 ◆ UVW 输出侧工作异常	◆ 检查制动电阻、制动单元接线是否正确，确保无短路 ◆ 检查主接触器工作是否正常 ◆ 请与厂家或代理商联系	5 A
Err16	电流控制故障	◆ 励磁电流偏差过大 ◆ 力矩电流偏差过大 ◆ 超过力矩限定时间过长	◆ 检查编码器回路 ◆ 输出空开断开 ◆ 电流环参数太小 ◆ 零点位置不正确，重新设置角度自学习 ◆ 负载太大	5 A
Err17	编码器基准信号异常	◆ Z 信号到达时与绝对位置偏差过大 ◆ 绝对位置角度与累加角度偏差过大	◆ 检查编码器是否正常 ◆ 检查编码器接线是否可靠正常 ◆ 检查 PG 卡连线是否正确 ◆ 控制柜和主机接地是否良好	5 A
Err18	电流检测故障	◆ 驱动控制板异常。	◆ 请与代理商或厂家联系	5 A

（续）

故障 代码	故障 描述	故 障 原 因	处 理 方 法	类别
Err19	电动机调谐故障	◆ 电动机无法正常运转 ◆ 参数调谐超时 ◆ 同步机旋转编码器异常	◆ 正确输入电动机参数 ◆ 检查电动机引线及输出侧接触器是否断相 ◆ 检查旋转编码器接线，确认每转脉冲数设置正确 ◆ 不带载调谐的时，检查制动器闸瓦是否张开 ◆ 同步机带载调谐时是否没有完成调谐，即松开了检修运行按钮	5A
Err20	速度反馈错误故障	1：辨识过程 AB 信号丢失 3：电动机相序接反 4：辨识过程检测不到 Z 信号 5：SIN_COS 编码器 CD 断线 7：UVW 编码器 UVW 断线 8：角度偏差过大 9：超速或者速度偏差过大 10、11：SIN_COS 编码器的 AB 或者 CD 信号受干扰 12：转矩限定，测速为 0 13：运行过程中 AB 信号丢失 14：运行过程中 Z 信号丢失 19：低速运行过程中 AB 模拟量信号断线 55：调谐中，CD 信号错误或者 Z 信号严重干扰错误	3：请调换电动机 U、V、W 三相中任意两相的相序；1、4、5、7、8、10、11、13、14、19：检查编码器各相信号接线 9：同步机 F1-00/12/25 是否设定正确 12：检查运行中是否有机械上的卡死；检查运行中抱闸是否已打开 55：检查接地情况，处理干扰	5A
Err22	平层信号异常	01：楼层切换过程中，平层信号有效 102：从电梯起动到楼层切换过程中，没有检测到平层信号的下降沿 103：电梯在自动运行状态下，平层位置偏差过大	101、102：请检查平层、门区感应器是否工作正常；检查平层插板安装的垂直度误差与深度；检查主控制板平层信号输入点 103：检查钢丝绳是否存在打滑	1A
Err25	存储数据异常	101、102：主控制板存储数据异常	101、102：请与代理商或厂家联系	4A
Err26	地震信号	101：地震信号有效，且大于 2s	101：检查地震输入信号与主控板参数设定是否一致（动合、动断）	3B
Err29	封星接触器反馈异常	101：同步机封星接触器反馈异常	101：检查封星接触器反馈输入信号状态是否正确（动合、动断）；检查接触器及相对应的反馈触点动作是否正常；检查封星接触器线圈电路	5A

（续）

故障代码	故障描述	故障原因	处理方法	类别
Err30	电梯位置异常	101、102：快车运行或返平层运行模式下，运行时间大于F9-02，但平层信号无变化	101、102：检查平层信号线连接是否可靠，是否有可能搭地，或者与其他信号短接；检查楼层间距是否较大导致返平层时间过长；检查编码器回路，是否存在信号丢失	4A
Err33	电梯速度异常	101：快车运行超速 102：检修或井道自学习运行超速 103：自溜车运行超速 104：应急运行超速 105：开启了F6-69的Bit8应急运行时间保护，运行超过50s报超时故障	101：确认旋转编码器使用是否正确；检查电动机铭牌参数设定；重新进行电动机调谐 102：尝试降低检修速度，或重新进行电动机调谐 103：检查封星功能是否有效 104、105：查看应急电源容量是否匹配；检查应急运行速度设定是否正确	5A
Err34	逻辑故障	◆ 控制板冗余判断，逻辑异常	◆ 请与代理商或厂家联系，更换控制板	5A
Err35	井道自学习数据异常	101：自学习起动时，当前楼层不是最小层或下强迫减速无效 102：井道自学习过程中检修开关断开 103：上电判断未进行井道自学习 104：距离控制模式下，起动运行时判断未进行井道自学习 106、107、109、114：上下平层感应到的插板脉冲长度异常 108、110：自学习平层信号超过45s无变化 111、115：存储的楼高小于50cm 112：自学习完成，当前层不是最高层 113：脉冲校验异常	101：检查下强迫减速是否有效；当前楼层F4-01是否为最低层 102：检查电梯是否在检修状态 103、104：需要进行井道自学习 106、107、109、114：平层感应器常开、常闭设定错误；平层感应器信号闪动，请检查插板是否安装到位，检查是否有强电干扰；异步电梯，隔磁板是否太长 108、110：运行时间超过时间保护F9-02，仍没有收到平层信号 111、115：若有楼层高度小于50cm，请开通超短层功能；若无，请检查这一层的插板安装，或者检查感应器 112：最大楼层F6-00设定太小，与实际不符 113：检查平层感应器信号是否正常，重新进行井道自学习	4C
Err36	运行接触器反馈异常	101：运行接触器未输出，但运行接触器反馈有效 102：运行接触器有输出，但运行接触器反馈无效 103：异步电动机起动电流过小 104：运行接触器复选反馈点动作状态不一致	101、102、104：检查接触器反馈触点动作是否正常；确认反馈触点信号特征（动合、动断） 103：检查电梯一体化控制器的输出线U、V、W是否连接正常；检查运行接触器线圈控制电路是否正常	5A

（续）

故障代码	故障描述	故 障 原 因	处 理 方 法	类别
Err37	抱闸接触器反馈异常	101：抱闸接触器输出与抱闸反馈状态不一致 102：复选的抱闸接触器反馈触点动作状态不一致 103：抱闸接触器输出与抱闸反馈2状态不一致 104：复选的抱闸反馈2反馈触点动作状态不一致	101~104：检查抱闸线圈及反馈触点是否正确；确认反馈触点的信号特征（动合、动断）；检查抱闸接触器线圈控制电路是否正常	5A
Err38	旋转编码器信号异常	01：F4-03脉冲信号无变化时间超过F1-13时间值 102：运行方向和脉冲方向不一致	101~102：确认旋转编码器使用是否正确；更换旋转编码器的A、B相；检查系统接地与信号接地是否可靠；检查编码器与PG卡之间线路是否正确	5A
Err39	电动机过热故障	101：电动机过热继电器输入有效，且持续一定时间	101：检查热继电器座是否正常；检查电动机是否使用正确，电动机是否损坏；改善电动机的散热条件	3A
Err40	电梯运行超时	◆ 电梯运行超时	◆ 请检查参数，或联系代理商、厂家解决	4B
Err41〔2〕	安全回路断开	101：安全回路信号断开	101：检查安全回路各开关，查看其状态；检查外部供电是否正确；检查安全回路接触器动作是否正确；检查安全反馈触点信号特征（动合、动断）	5A
Err42〔3〕	运行中门锁断开	101：电梯运行过程中，门锁反馈无效	101：检查厅、轿门锁是否连接正常；检查门锁接触器动作是否正常；检查门锁接触器反馈触点信号特征（动合、动断）；检查外围供电是否正常	5A
Err43	上限位信号异常	101：电梯向上运行过程中，上限位信号动作	101：检查上限位信号特征（动合、动断）；检查上限位开关是否接触正常；限位开关安装偏低，正常运行至端站也会动作	4C
Err44	下限位信号异常	101：电梯向下运行过程中，下限位信号动作	101：检查下限位信号特征（动合、动断）；检查下限位开关是否接触正常；限位开关安装偏高，正常运行至端站也会动作	4C
Err45	强迫缓速开关异常	101：井道自学习时，下强迫缓速距离不足 102：井道自学习时，上强迫缓速距离不足 103：正常运行时，强迫缓速位置异常 104、105：强迫缓速有效时，速度超过电梯最大运行速度	101~103：检查上、下强迫缓速开关接触是否正常；确认上、下强迫缓速信号特征（动合、动断） 104、105：确认强迫缓速开关安装距离满足此梯速下的减速要求	4B

（续）

故障代码	故障描述	故障原因	处理方法	类别
Err46	再平层异常	101：再平层运行，平层信号都无效 102：再平层速度超过 0.1m/s 103：快车运行起动时，再平层状态有效且有封门反馈 104：再平层运行时封门输出 2s 后没有收到封门反馈或门锁信号	101：检查平层信号是否正常 102：确认旋转编码器使用是否正确 103、104：检查平层感应器信号是否正常；检查封门反馈输入触点（动合、动断）；检查 SCB-A 板继电器及接线	2B
Err47	封门［6］接触器异常	101：再平层或者提前开门运行，封门接触器输出，连续 2s 但封门反馈无效后者门锁断开 102：再平层或者提前开门运行，封门接触器无输出，封门反馈有效连续 2s 103：再平层或者提前开开门运行，封门接触器输出时间大于 15s	101、102：检查封门接触器反馈输入触点（动合、动断）；检查封门接触器动作是否正常 103：检查平层、再平层信号是否正常；检查再平层速度设置是否太低	2B
Err48	开门故障	101：连续开门不到位次数超过 Fb-13 设定	101：检查门机系统工作是否正常；检查轿顶控制板是否正常；检查开门到位信号是否正确	5A
Err49	关门故障	101：连续关门不到位次数超过 Fb-13 设定	101：检查门机系统工作是否正常；检查轿顶控制板是否正常；检查门锁动作是否正常	5A
Err50	平层信号连续丢失	◆ 连续 3 次平层信号粘连、丢失 ◆（即连续三次报 Err22）	◆ 请检查平层、门区感应器是否工作正常 ◆ 检查平层插板安装的垂直度误差与深度 ◆ 检查主控制板平层信号输入点；检查钢丝绳是否存在打滑	5A
Err53	门锁故障	101：开门过程中门锁反馈信号同时有效，时间大于 3s 102：多个门锁反馈信号状态不一致，时间大于 2s	101：检查门锁回路动作是否正常；检查门锁接触器反馈触点动作是否正常；检查在门锁信号有效的情况下系统是否收到了开门到位信号 102：层门、轿门锁信号分开检测时，层门、轿门锁状态不一致	5A
Err54	检修起动过电流	◆ 检修运行起动时，电流超过额定电流的 110%	◆ 减轻负载 ◆ 更改功能码 FC-00 Bit1 为 1，取消检测起动电流功能	5A
Err55	换层停靠故障	101：电梯在自动运行时，本层开门不到位	101：检查该楼层开门到位信号	1A

（续）

故障代码	故障描述	故 障 原 因	处 理 方 法	类别
Err57 [4]	SPI 通信故障	101-102：SPI 通信异常，与 DSP 通信连续 2s 接收不到正确数据 103：专机主板与底层不匹配故障	101 ~ 102：检查控制板和驱动板连线是否正确 103：请联系代理商或者厂家	5A
Err58	位置保护开关异常	101：上、下强迫缓速同时断开 102：上、下限位反馈同时断开	101 ~ 102：检查强迫缓速开关、限位开关属性与主控板参数设置是否一致（动合、动断）；检查强迫缓速开关、限位开关是否误动作	4B
Err62	模拟量断线	◆ 主控板模拟量输入断线	◆ 检查模拟量称重通道选择 F8-08 是否设置正确 ◆ 检查轿顶板或主控板模拟量输入接线是否正确，是否存在断线	1A

注：1. 上表中部分故障描述中的数字代号（如 1、3、…、101、102、103……）为故障子码。

2. Err41 在电梯停止状态不记录此故障。

3. Err42 此故障为门锁通时自动复位以及在门区出现故障 1s 后自动复位。

4. 当有 Err57 故障时，若此故障持续有效，则每隔 1h 记录一次。

5. 永磁同步无齿轮曳引机将三相绕组引出线用导线或者串联电阻采用星联结，行业内称为"封星"。此时，曳引机作为三相交流永磁发电机，电梯机械系统的不平衡力矩带动曳引轮运转，则发电机吸收机械能转化为电能，通过"封星"导线或电阻形成的闭合回路将电能消耗。当机械转矩与电动机电磁转矩相平衡时，曳引机即可匀速运行。

6. "封门"是指有贯通门时，被封的一扇门。

附录 Ⅳ   TSG T5002—2017《电梯维护保养规则》

第一条   为了规范电梯维护保养行为，根据《中华人民共和国特种设备安全法》《特种设备安全监察条例》，制定本规则。

第二条   本规则适用于《特种设备目录》范围内电梯的维护保养（以下简称维保）工作。

消防员电梯、防爆电梯的维保单位，应当按照制造单位的要求制定维保项目和内容。

第三条   本规则是对电梯维保工作的基本要求，相关单位应当根据科学技术的发展和实际情况，制定不低于本规则并且适用于所维保电梯的工作要求，以保证所维保电梯的安全性能。

第四条   电梯维保单位应当在依法取得相应的许可后，方可从事电梯的维保工作。

第五条   维保单位应当履行下列职责：

（一）按照本规则、有关安全技术规范以及电梯产品安装使用维护说明书的要求，制定维保计划与方案；

（二）按照本规则和维保方案实施电梯维保，维保期间落实现场安全防护措施，保证施工安全；

（三）制定应急措施和救援预案，每半年至少针对本单位维保的不同类别（类型）电梯进行一次应急演练；

（四）设立 24 小时维保值班电话，保证接到故障通知后及时予以排除；接到电梯困人故障报告后，维保人员及时抵达所维保电梯所在地实施现场救援，直辖市或者设区的市抵达时间不超过 30 分钟，其他地区一般不超过 1 小时；

（五）对电梯发生的故障等情况，及时进行详细的记录；

（六）建立每台电梯的维保记录，及时归入电梯安全技术档案，并且至少保存 4 年；

（七）协助电梯使用单位制定电梯安全管理制度和应急救援预案；

（八）对承担维保的作业人员进行安全教育与培训，按照特种设备作业人员考核要求，组织取得相应的《特种设备作业人员证》，培训和考核记录存档备查；

（九）每年度至少进行一次自行检查，自行检查在特种设备检验机构进行定期检验之前进行，自行检查项目及其内容根据使用状况确定，但是不少于本规则年度维保和电梯定期检验规定的项目及其内容，并且向使用单位出具有自行检查和审核人员的签字、加盖维保单位公章或者其他专用章的自行检查记录或者报告；

（十）安排维保人员配合特种设备检验机构进行电梯的定期检验；

（十一）在维保过程中，发现事故隐患及时告知电梯使用单位；发现严重事故隐患，及时向当地特种设备安全监督管理部门报告。

第六条　电梯的维保项目分为半月、季度、半年、年度等四类，各类维保的基本项目（内容）和要求分别见附件 A 至附件 D。维保单位应当依据各附件的要求，按照安装使用维护说明书的规定，并且根据所保养电梯使用的特点，制定合理的维保计划与方案，对电梯进行清洁、润滑、检查、调整，更换不符合要求的易损件，使电梯达到安全要求，保证电梯能够正常运行。

现场维保时，如果发现电梯存在的问题需要通过增加维保项目（内容）予以解决的，维保单位应当相应增加并且及时修订维保计划与方案。

当通过维保或者自行检查，发现电梯仅依据合同规定的维保内容已经不能保证安全运行，需要改造、修理（包括更换零部件）、更新电梯时，维保单位应当书面告知使用单位。

第七条　维保单位进行电梯维保，应当进行记录。记录至少包括以下内容：

（一）电梯的基本情况和技术参数，包括整机制造、安装、改造、重大修理单位名称，电梯品种（型式），产品编号，设备代码，电梯型号或者改造后的型号，电梯基本技术参数（内容见第八条）；

（二）使用单位、使用地点、使用单位内编号；

（三）维保单位、维保日期、维保人员（签字）；

（四）维保的项目（内容），进行的维保工作，达到的要求，发生调整、更换易损件等工作时的详细记载。

维保记录应当经使用单位安全管理人员签字确认。

第八条　维保记录中的电梯基本技术参数主要包括以下内容：

（一）曳引与强制驱动电梯（包括曳引驱动乘客电梯、曳引驱动载货电梯、强制驱动载货电梯），为驱动方式、额定载重量、额定速度、层站门数；

（二）液压驱动电梯（包括液压乘客电梯、液压载货电梯），为额定载重量、额定速度、层站门数、油缸数量、顶升型式；

（三）杂物电梯，为驱动方式、额定载重量、额定速度、层站门数；

（四）自动扶梯与自动人行道（包括自动扶梯、自动人行道），为倾斜角、名义速度、提升高度、名义宽度、主机功率、使用区段长度（自动人行道）。

第九条　维保单位的质量检验（查）人员或者管理人员应当对电梯的维保质量进行不定期检查，并且进行记录。

第十条　采用信息化技术实现无纸化电梯维保记录的，其维保记录格式、内容和要求应当满足相关法律、法规和安全技术规范的要求。使用无纸化电梯维保记录系统的，其数据在保存过程中不得有任何程度和任何形式的更改，确保储存数据的公正、客观和安全，并可实时进行查询。

第十一条　本规则下列用语的含义是：

维护保养，是指对电梯进行的清洁、润滑、调整、更换易损件和检查等日常维护与保养性工作。其中清洁、润滑不包括部件的解体，调整和更换易损件不会改变任何电梯性能参数。

第十二条　本规则由国家质量监督检验检疫总局负责解释。

第十三条　本规则自 2017 年 8 月 1 日起施行。

附件 A

曳引与强制驱动电梯维护保养项目（内容）和要求

A1. 半月维护保养项目（内容）和要求

半月维护保养项目（内容）和要求见表 A-1。

表 A-1　半月维护保养项目（内容）和要求

序号	维护保养项目（内容）	维护保养基本要求
1	机房、滑轮间环境	清洁，门窗完好，照明正常
2	手动紧急操作装置	齐全，在指定位置
3	驱动主机	运行时无异常振动和异常声响
4	制动器各销轴部位	动作灵活
5	制动器间隙	打开时制动衬与制动轮不应发生摩擦，间隙值符合制造单位要求
6	制动器作为轿厢意外移动保护装置制停子系统时的自监测	制动力人工方式检测符合使用维护说明书要求；制动力自监测系统有记录
7	编码器	清洁，安装牢固
8	限速器各销轴部位	润滑，转动灵活；电气开关正常
9	层门和轿门旁路装置	工作正常
10	紧急电动运行	工作正常
11	轿顶	清洁，防护栏安全可靠
12	轿顶检修开关、停止装置	工作正常
13	导靴上油杯	吸油毛毡齐全，油量适宜，油杯无泄漏
14	对重/平衡重块及其压板	对重/平衡重块无松动，压板紧固

（续）

序号	维护保养项目（内容）	维护保养基本要求
15	井道照明	齐全，正常
16	轿厢照明、风扇、应急照明	工作正常
17	轿厢检修开关、停止装置	工作正常
18	轿内报警装置、对讲系统	工作正常
19	轿内显示、指令按钮、IC 卡系统	齐全，有效
20	轿门防撞击保护装置（安全触板，光幕、光电开关等）	功能有效
21	轿门门锁电气触点	清洁，触点接触良好，接线可靠
22	轿门运行	开启和关闭工作正常
23	轿厢平层准确度	符合标准值
24	层站召唤、层楼显示	齐全，有效
25	层门地坎	清洁
26	层门自动关门装置	正常
27	层门门锁自动复位	用层门钥匙打开手动开锁装置释放后，层门门锁能自动复位
28	层门门锁电气触点	清洁，触点接触良好，接线可靠
29	层门锁紧元件啮合长度	不小于 7mm
30	底坑环境	清洁，无渗水、积水，照明正常
31	底坑停止装置	工作正常

A2. 季度维护保养项目（内容）和要求

季度维护保养项目（内容）和要求除符合 A1 半月维护保养的项目（内容）和要求外，还应当符合表 A-2 的项目（内容）和要求。

表 A-2 季度维护保养项目（内容）和要求

序号	维护保养项目（内容）	维护保养基本要求
1	减速机润滑油	油量适宜，除蜗杆伸出端外均无渗漏
2	制动衬	清洁，磨损量不超过制造单位要求
3	编码器	工作正常
4	选层器动静触点	清洁，无烧蚀
5	曳引轮槽、悬挂装置	清洁，钢丝绳无严重油腻，张力均匀，符合制造单位要求
6	限速器轮槽、限速器钢丝绳	清洁，无严重油污
7	靴衬、滚轮	清洁，磨损量不超过制造单位要求
8	验证轿门关闭的电气安全装置	工作正常
9	层门、轿门系统中传动钢丝绳、链条、传动带	按照制造单位要求进行清洁、调整

（续）

序号	维护保养项目（内容）	维护保养基本要求
10	层门门导靴	磨损量不超过制造单位要求
11	消防开关	工作正常，功能有效
12	耗能缓冲器	电气安全装置功能有效，油量适宜，柱塞无锈蚀
13	限速器张紧轮装置和电气安全装置	工作正常

A3. 半年维护保养项目（内容）和要求

半年维护保养项目（内容）和要求除符合 A2 季度维护保养的项目（内容）和要求外，还应当符合表 A-3 的项目（内容）和要求。

表 A-3 半年维护保养项目（内容）和要求

序号	维护保养项目（内容）	维护保养基本要求
1	电动机与减速机联轴器	连接无松动，弹性元件外观良好，无老化等现象
2	驱动轮、导向轮轴承部	无异常声响，无振动，润滑良好
3	曳引轮槽	磨损量不超过制造单位要求
4	制动器动作状态监测装置	工作正常，制动器动作可靠
5	控制柜内各接线端子	各接线紧固、整齐，线号齐全清晰
6	控制柜各仪表	显示正常
7	井道、对重、轿顶各反绳轮轴承部	无异常声响，无振动，润滑良好
8	悬挂装置、补偿绳	磨损量、断丝数不超过要求
9	绳头组合	螺母无松动
10	限速器钢丝绳	磨损量、断丝数不超过制造单位要求
11	层门、轿门门扇	门扇各相关间隙符合标准值
12	轿门开门限制装置	工作正常
13	对重缓冲距离	符合标准值
14	补偿链（绳）与轿厢、对重接合处	固定，无松动
15	上、下极限开关	工作正常

A4. 年度维护保养项目（内容）和要求

年度维护保养项目（内容）和要求除符合 A3 半年维护保养的项目（内容）和要求外，还应当符合表 A-4 的项目（内容）和要求。

表 A-4 年度维护保养项目（内容）和要求

序号	维护保养项目（内容）	维护保养基本要求
1	减速机润滑油	按照制造单位要求适时更换，保证油质符合要求
2	控制柜接触器、继电器触点	接触良好
3	制动器柱塞（铁心）	进行清洁、润滑、检查，磨损量不超过制造单位要求
4	制动器制动能力	符合制造单位要求，保持有足够的制动力，必要时进行轿厢装载 125% 额定载重量的制动试验

（续）

序号	维护保养项目（内容）	维护保养基本要求
5	导电回路绝缘性能测试	符合标准
6	限速器安全钳联动试验（对于使用年限不超过15年的限速器，每两年进行一次限速器动作速度校验；对于使用年限超过15年的限速器，每年进行一次限速器动作速度校验）	工作正常
7	上行超速保护装置动作试验	工作正常
8	轿厢意外移动保护装置动作试验	工作正常
9	轿顶、轿厢架、轿门及其附件安装螺栓	紧固
10	轿厢和对重/平衡重的导轨支架	固定，无松动
11	轿厢和对重/平衡重的导轨	清洁，压板牢固
12	随行电缆	无损伤
13	层门装置和地坎	无影响正常使用的变形，各安装螺栓紧固
14	轿厢称重装置	准确有效
15	安全钳钳座	固定，无松动
16	轿底各安装螺栓	紧固
17	缓冲器	固定，无松动

　　注 A-1：如果某些电梯没有表中的项目（内容），如有的电梯不含有某种部件，项目（内容）可适当进行调整（下同）。

　　注 A-2：维护保养项目（内容）和要求中对测试、试验有明确规定的，应当按照规定进行测试、试验，没有明确规定的，一般为检查、调整、清洁和润滑（下同）。

　　注 A-3：维护保养基本要求中，规定为"符合标准值"的，是指符合对应的国家标准、行业标准和制造单位要求（下同）。

　　注 A-4：维护保养基本要求中，规定为"制造单位要求"的，按照制造单位的要求，其他没有明确"要求"的，应当为安全技术规范、标准或者制造单位等的要求（下同）。

　　附件 B、附件 C 略。

附件 D

自动扶梯与自动人行道维护保养项目（内容）和要求

　　D1. 半月维护保养项目（内容）和要求

　　半月维护保养项目（内容）和要求见表 D-1。

表 D-1　半月维护保养项目（内容）和要求

序号	维护保养项目（内容）	维护保养基本要求
1	电器部件	清洁，接线紧固
2	故障显示板	信号功能正常
3	设备运行状况	正常，没有异常声响和抖动
4	主驱动链	运转正常，电气安全保护装置动作有效

（续）

序号	维护保养项目（内容）	维护保养基本要求
5	制动器机械装置	清洁，动作正常
6	制动器状态监测开关	工作正常
7	减速机润滑油	油量适宜，无渗油
8	电机通风口	清洁
9	检修控制装置	工作正常
10	自动润滑油罐油位	油位正常，润滑系统工作正常
11	梳齿板开关	工作正常
12	梳齿板照明	照明正常
13	梳齿板梳齿与踏板面齿槽、导向胶带	梳齿板完好无损，梳齿板梳齿与踏板面齿槽、导向胶带啮合正常
14	梯级或者踏板下陷开关	工作正常
15	梯级或者踏板缺失监测装置	工作正常
16	超速或非操纵逆转监测装置	工作正常
17	检修盖板和楼层板	防倾覆或者翻转措施和监控装置有效、可靠
18	梯级链张紧开关	位置正确，动作正常
19	防护挡板	有效，无破损
20	梯级滚轮和梯级导轨	工作正常
21	梯级、踏板与围裙板之间的间隙	任何一侧的水平间隙及两侧间隙之和符合标准值
22	运行方向显示	工作正常
23	扶手带入口处保护开关	动作灵活可靠，清除入口处垃圾
24	扶手带	表面无毛刺，无机械损伤，运行无摩擦
25	扶手带运行	速度正常
26	扶手护壁板	牢固可靠
27	上下出入口处的照明	工作正常
28	上下出入口和扶梯之间保护栏杆	牢固可靠
29	出入口安全警示标志	齐全，醒目
30	分离机房、各驱动和转向站	清洁，无杂物
31	自动运行功能	工作正常
32	紧急停止开关	工作正常
33	驱动主机的固定	牢固可靠

D2. 季度维护保养项目（内容）和要求

季度维护保养项目（内容）和要求除符合 D1 半月维护保养的项目（内容）和要求外，还应当符合表 D-2 的项目（内容）和要求。

表 D-2　季度维护保养项目（内容）和要求

序号	维护保养项目（内容）	维护保养基本要求
1	扶手带的运行速度	相对于梯级、踏板或者胶带的速度允差为 0 ~ +2%
2	梯级链张紧装置	工作正常
3	梯级轴衬	润滑有效
4	梯级链润滑	运行工况正常
5	防灌水保护装置	动作可靠（雨季到来之前必须完成）

D3. 半年维护保养项目（内容）和要求

半年维护保养项目（内容）和要求除符合 D2 季度维护保养的项目（内容）和要求外，还应当符合表 D-3 的项目（内容）和要求。

表 D-3　半年维护保养项目（内容）和要求

序号	维护保养项目（内容）	维护保养基本要求
1	制动衬厚度	不小于制造单位要求
2	主驱动链	清理表面油污，润滑
3	主驱动链链条滑块	清洁，厚度符合制造单位要求
4	电动机与减速机联轴器	连接无松动，弹性元件外观良好，无老化等现象
5	空载向下运行制动距离	符合标准值
6	制动器机械装置	润滑，工作有效
7	附加制动器	清洁和润滑，功能可靠
8	减速机润滑油	按照制造单位的要求进行检查、更换
9	调整梳齿板梳齿与踏板面齿槽啮合深度和间隙	符合标准值
10	扶手带张紧度张紧弹簧负荷长度	符合制造单位要求
11	扶手带速度监控系统	工作正常
12	梯级踏板加热装置	功能正常，温度感应器接线牢固（冬季到来之前必须完成）

D4. 年度维护保养项目（内容）和要求

年度维护保养项目（内容）和要求除符合 D3 半年维护保养的项目（内容）和要求外，还应当符合表 D-4 的项目（内容）和要求。

表 D-4　年度维护保养项目（内容）和要求

序号	维护保养项目（内容）	维护保养基本要求
1	主接触器	工作可靠
2	主机速度检测功能	功能可靠，清洁感应面、感应间隙符合制造单位要求
3	电缆	无破损，固定牢固
4	扶手带托轮、滑轮群、防静电轮	清洁，无损伤，托轮转动平滑
5	扶手带内侧凸缘处	无损伤，清洁扶手导轨滑动面

（续）

序号	维护保养项目（内容）	维护保养基本要求
6	扶手带断带保护开关	功能正常
7	扶手带导向块和导向轮	清洁，工作正常
8	进入梳齿板处的梯级与导轮的轴向窜动量	符合制造单位要求
9	内外盖板连接	紧密牢固，连接处的凸台、缝隙符合制造单位要求
10	围裙板安全开关	测试有效
11	围裙板对接处	紧密平滑
12	电气安全装置	动作可靠
13	设备运行状况	正常，梯级运行平稳，无异常抖动，无异常声响

参考文献

［1］李乃夫. 电梯维修保养备赛指导［M］. 北京：高等教育出版社，2013.

［2］叶安丽. 电梯控制技术［M］. 2 版. 北京：机械工业出版社，2008.

［3］张伯虎. 从零开始学电梯维修技术［M］. 北京：国防工业出版社，2009.

［4］陈家盛. 电梯结构原理及安装维修［M］. 5 版. 北京：机械工业出版社，2012.

［5］李乃夫. 电梯实训 60 例［M］. 北京：机械工业出版社，2017.